飯店
品牌建設

U0075123

崧燁文化

目 錄

序

在一次次總結、思考和求證之後，人們終於開始破解出所謂「集而不團」的癥結。原來正宗的飯店集團之所以能夠集而成團，竟都無一例外地依賴於一種奇妙的黏合劑——品牌。

有人說「集團是船，品牌是帆」，這大概不無道理。於是乎，這些年來，本土飯店連鎖品牌又一次如雨後春筍般地破土而出。建國、錦江、金陵、如家……林林總總，不一而足；於是乎，也就有了《飯店品牌建設》這樣的理論成果。

這是一本論述飯店品牌建設的專著。它涉及了飯店品牌建設的方方面面，既有對飯店品牌建設歷史的回顧，也有對現代經濟條件下品牌建設的思考；既有飯店品牌建設之戰略層面的規劃，也有飯店品牌建設在操作層面的技巧；既有理論的歸納，也有案例的分析；既有對國際知名品牌擴張經驗的總結，也有對本土優秀品牌成長軌跡的剖析。可以說，該書的出版使飯店集團化運作，在理論建設方面達到了一個新的高度。

從本質上講，不少連鎖品牌的質量還僅僅停留在品牌稱謂的水準，遠沒有實現真正連鎖品牌所必須擁有的系統和內涵。必須承認，這一現實使得現有的部分品牌多少處於「貨不真、價不實」的尷尬境地。

我以為，盡快地解決好這一難題，從而進一步促進中國飯店市場集團化

的健康發展，既是全體品牌建設實踐者的任務，同時也是廣大飯店品牌理論工作者的使命。願我們的專家、學者勇於實踐、苦心鑽研、積極探索、筆耕不輟，不斷地為中國飯店產業奉獻出品牌建設的最新思想。

是為序。

張潤鋼博士

首都旅遊集團副總裁

首旅建國飯店管理公司總裁

第一章 飯店品牌概述

導讀

　　越來越多的顧客開始根據品牌來選擇飯店。飯店品牌作為一項重要的無形資產，對於飯店的業主、管理者和顧客的意義愈發顯得重要。本章第一節回顧中國外飯店品牌的發展歷程，並對中國飯店市場上的中外品牌進行比較分析。第二節介紹飯店品牌的基本理論，包括飯店品牌的概念、內涵和各構成要素等。第三節分析飯店品牌對企業、顧客和社會的意義。

第一節 飯店品牌的歷史與現狀

一、國際飯店品牌的發展

（一）飯店品牌的區域成長

　　幾個世紀以來，飯店大都以個體的形式存在。雖然不少經營者也具有樹立並宣傳自己飯店商號的意識，但是由於飯店產品本身不可移動的特性，囿於特定區域的飯店品牌一直沒有得到足夠數量的消費者的認可，直到飯店聯名的出現才使飯店品牌得到長足發展。

　　麗思卡爾頓公司的創始人愷撒‧里茲，被稱為世界豪華飯店之父。他於1898年6月，與具有「廚師之王，王之廚師」美譽的奧格斯特‧奧斯蓋菲爾（August　Ausgofier）一起創立了巴黎麗思飯店，開豪華飯店經營之先河。巴黎麗思飯店以其豪華的設施、精緻而正宗的法國大餐，以及它所提倡的優雅的上流社會的生活方式，把歐洲飯店業帶進了一個新的發展時期。里茲首先開始運用成

功的飯店品牌發展聯名企業，於1902年在法國創立了麗思卡爾頓發展公司（後來被美中國人收購），由它負責麗思飯店特許經營權的銷售業務。麗思卡爾頓飯店管理公司以「最完美的服務、最奢華的設施、最精美的飲食與最高檔的價格」形成了自己鮮明的企業形象和飯店品牌。里茲通常僱用一個可靠的人負責任命和監督下屬個體飯店的經理，一些飯店也加入里茲集團共同進行廣告宣傳。在歐洲和歐洲以外的許多主要城市都有里茲開辦的豪華飯店。至今，麗思卡爾頓飯店已經成為全球飯店豪華設施和優質服務的典範，「里茲」也成了「豪華飯店」的同義詞。

美中國人斯塔特勒（E.M.Statler）不僅對飯店客用設施做出了許多貢獻，同時也是現代飯店品牌推廣的先行者。斯塔特勒從1901年的第一家飯店起步，最終擁有十家聯名飯店。這些飯店大多有相似的名字、風格和規模，以實現品牌識別上的統一。斯塔特勒的聯名飯店雖然取得了成功，但是飯店聯名在20世紀的前半期普及得很慢，而且受到了美國著名獨立產權飯店的排擠。

康拉德·希爾頓（Conrad Hilton）、恩尼斯特·亨得森（Ernest Henderson）和羅伯特·莫爾（Robert Moore）對早期飯店品牌在聯名飯店中的普及造成了重要作用，他們也是最早經營國際聯名飯店的先驅。其中，康拉德·希爾頓是飯店管理合約的創始人，1919年在美國收購了他的第一家飯店，並創建了第一家飯店管理公司。

1937年，恩尼斯特·亨得森和羅伯特·莫爾在馬薩諸塞州獲得了他們的第一家飯店。兩年後，他們又在波士頓收購了三家飯店，並迅速把品牌從緬因州擴張到佛羅裡達州。在公司十週年的紀念日，喜來登品牌已經發展為最受歡迎的飯店品牌之一，並成為第一個在紐約證券交易所上市的聯名飯店。

（二）飯店集團的全球擴張與多品牌經營

第二次世界大戰以後，飯店集團呈現出全球擴張的態勢。在這一時期，泛美航空公司（Pan America）建立了第一家由航空公司所有的飯店集團——洲際飯店公司（Intercontinental Hotel Corp.），並開始向美洲和世界其他地區擴張。希爾頓飯店公司在波多黎各建了第一個飯店。1949年，喜來登飯店也開始了它的

國際化進程，它首先購買了兩個加拿大的飯店，並迅速向世界範圍擴展。1952年，假日飯店在國外開設了第一家連鎖飯店，並透過特許經營的方式進行擴張。與管理或擁有獨立產權的管理模式相比，特許經營使得飯店品牌以更快的速度擴展，並成為許多經濟型飯店的標準運作模式。

飯店集團在全球的規模擴張，使得飯店品牌的識別比較混亂。為了改變這一狀況，許多飯店公司都實施了多品牌戰略，以區別不同檔次、不同功能的飯店。因此，從某種意義上說，正是飯店集團的泛區域規模擴張促進了品牌的高速發展。

1950年代末到1960年代初，在假日飯店品牌蓬勃發展的同時，國際飯店業相繼出現了其他一些活躍至今的飯店品牌，如華美達（Ramada）、豪生（Howard　Johnson）、萬豪（Marriott）、凱悅（Hyatt）和雷迪森（Radisson）等。其中，假日集團（Holiday Inn）也從偏向家庭旅遊者的、設備簡陋、聲譽低下的汽車旅館連鎖店，發展成為包括餐飲、住宿、交通、旅遊等業務的多元化企業。假日集團（Holiday Inn）透過擁有、直營或特許經營的形式快速向世界擴張品牌，並以強大的市場營銷能力和預訂系統保障了品牌的競爭力，成為世界著名的飯店品牌。1970年代中期以後相當長一段時間內，假日集團（Holiday Inn）都是最大的飯店公司。

在經濟全球化和需求多樣化的影響下，伴隨著飯店聯名在全球範圍內的擴張，國際飯店業的品牌經營已經從過去單一品牌的區域內經營轉化為現在的多品牌跨國經營，使針對每一個細分市場的每一類飯店都具有自己獨特的品牌，並最終形成了成熟、龐大的品牌體系。這種趨勢一直延續至今，2003年全球最大的幾家飯店集團無不擁有眾多的飯店品牌（見表1-1）。

表1-1 2003年十大國際飯店集團（按飯店數排列）及其主要飯店品牌

排名	聯　號	飯店數 (家)	主要飯店品牌
1	勝騰酒店集團 (Cendant Corp.)	6 402	Wingate Inn(溫蓋特)，Ramada(華美達)，Howard Johnson(豪生國際酒店)，Ameri Host Inn(埃莫里國際酒店)，Days Inn(戴斯酒店)，Travelodge(旅客之家)，Super 8 Motel(速8汽車旅館)和Knights Inn lodging franchise systems(爵士客棧特許系統)等
2	精品國際酒店集團 (Choice Hotels International)	4 810	Clarion(克拉麗奧)，Quality(品質)，Comfort Suites&Inn(舒適套房酒店)，Sleep Inn(斯利普酒店)，MainStay Suites(美斯德套房酒店)，EconoLodge(伊克諾旅店)和Rodeway(羅德維旅館)
3	最佳西方國際酒店 (Best Western International)	4 110	最佳西方酒店(Best Western)
4	雅高酒店集團 (Accor)	3 894	Sofitel(索菲特)，Novotel(諾富特)，Mercure(美居)，Zenith Hotels International(中時)，Century International Hotels(世紀國際)，ibis(宜必思)，Formule1(一級方程式)，Etap(伊塔普)，Red Roof Inns(紅屋頂)，Motel 6(6號汽車旅館)，Stuidio(六號公寓)
5	洲際飯店集團 (InterContinental Hotels Group)	3 520	InterContinental Hotels & Resorts(洲際渡假飯店)，Crowne Holiday Plaza Hotels & Resorts (皇冠假日飯店)，Holiday Inn Express(智選假日酒店)，Staybridge Suites(駐橋套房酒店)，Hotel Indigo(英迪格酒店)，Candlewood Suites(燭木套房酒店)

續表

排名	聯　號	飯店數(家)	主要飯店品牌
6	萬豪國際集團 (Marriot International)	2 718	The Ritz-Carlton(麗思·卡爾頓)，JW Marriot Hotels & Resorts (JW萬豪) Marriott Hotels & Resorts(萬豪)，Renaissance Hotels & Resorts(萬麗)，Courtyard by Marriott(萬怡)，Marriott Executive Apartments(萬豪行政公寓)，Residence Inn，Faifield Inn(公平客棧)，Marriott Conference Center(萬豪會議中心)，TownePlace Suites by Marriot(萬豪城鎮套房)，SpringHill Suites by Marriott ，Marriott ExecuStay
7	希爾頓飯店公司 (Hilton Hotels Corp.)	2 173	Hilton(希爾頓)，Conrad(康萊德)，Doubletree(逸林)，Doubletree Guest Suites(逸林賓館)，Doubletree Club Hotel(逸林俱樂部酒店)，Embassy Suites Hotels(大使套房酒店)，Hampton Inn(漢普頓飯店)，Hampton Inn & Suites(漢普頓套房和酒店)，Hilton Garden Inn(希爾頓花園旅館)，Homewood Suites by Hilton(希爾頓惠庭套房)，Hilton Grand Vacations Company(希爾頓度假酒店公司)，Scandie(斯堪的克)
8	盧浮宮酒店 (Société du Louve)	896	—
9	卡爾森國際飯店集團 (Carlson Hospitality Worldwide)	881	Regent International Hotels(麗晶國際酒店)，Radisson Hotels & Resorts(拉迪森酒店和度假村)，Park Plaza Hotels & Resorts(公園廣場飯店和度假村)，Country Inns & Suites By Carlson(卡爾森鄉村客棧和套房)，Park Inn hotels(公園客棧酒店)
10	喜達屋國際飯店集團 (Starwood Hotels & Resorts Worldwide)	738	St. Regis Hotels & Resorts(聖瑞吉斯)，Sheraton(喜來登)，Westin Hotels & Resorts(威斯汀)，Four PointsHotels(福朋)，The Luxury Collection(至尊精選)，W Hotels(W飯店)

*資料來源：飯店排名摘自Hotels 2004年第7期，第57頁；飯店品牌於2005年4月2日整理自以上各公司網站，以及洲際飯店集團Annual review and summary financial statement 2004，聖達特集團2004 Annu-al Review和萬豪國際公司2004 Annual Report

**「-」表示資料無法獲得

（三）公司併購中的飯店品牌交易

從1980年代至今，全球飯店集團紛紛開展了對飯店品牌的併購活動，為國際飯店業帶來了廣泛而深刻的變革。在這場變革中，標誌性品牌成為飯店業主和

投資者競相追逐的目標。近年來的飯店品牌收購活動有：

‧1989年，Holiday Inn出售給了巴斯有限公司（Bass PLC）；

‧1990年，雅高集團購買了6號汽車旅館（Motel 6），從而完善了其經濟型飯店品牌，並由此進入美國市場；

‧1997年，萬豪國際飯店斥資9.47億美元收購了114 家萬麗所屬的飯店；

‧ 在1990年代後期，萬豪集團又收購了里茲集團和香港新世紀，從而實現了向高端市場及新地域的擴張；

‧1997年，卡爾森國際飯店公司獲得了Regent品牌，並把該豪華飯店品牌向全球推廣；

‧1998年，喜達屋國際飯店公司購買了喜來登（Sheraton）；

‧ 精品國際飯店集團所擁有的Clarion Hotels，Rodeway Inn和Econo Lodge等品牌都是透過兼併而獲得的；

‧2003年，洲際飯店集團以1　　680萬美元從Candlewood　　飯店公司（Candlewood Hotel Corporation）收購了Candlewood Suites飯店，表明了洲際飯店集團透過高品質飯店品牌拓展特許和管理網路的戰略意圖；

‧2004年，聖達特飯店集團購買了華美達國際飯店（Ramada　International Hotels ＆ Resorts），並強化了它在中端市場的競爭優勢。從此，聖達特在繼續關注中國飯店特許經營系統的同時，開始了美國之外的擴張計劃。

著名飯店品牌的出售，乃至大批飯店公司的兼併、收購和重組活動，以及近幾年出現的飯店業與房地產業的融合，加劇了飯店品牌在大型飯店公司的集中，並使國際飯店業成為21世紀最具活力和競爭性的行業之一。至今，許多飯店集團都透過自主發展、收購或兼併等多種途徑，建立了自己的品牌譜系。例如萬豪集團就採用了很寬的產品品牌線戰略，見表1-2。

表1-2 萬豪集團不同種類的品牌

豪華型飯店品牌	麗思·卡爾頓(The Ritz-Carlton)
	寶格麗酒店及渡假村(Bulgari Hotels & Resorts)
	JW萬豪酒店及渡假村(JW Marriott Hotels & Resorts)
完全服務型飯店品牌	萬豪飯店(Marriott Hotels & Resorts)
	萬豪度假飯店(Mariot Resorts)
	萬麗飯店(Renaissance Hotels & Resorts)
	萬豪會議中心(Marriott Conference Centers)
有限服務型飯店品牌	萬怡飯店(Courtyard by Marriott)
	萬豪春季山丘套房酒店(SpringHill Suites by Marriott)
	萬豪費爾菲爾德套房飯店(Fairfield Inn by Marriott)
延長停留型飯店品牌	萬豪長住酒店(Residence Inn by Marriott)
	萬豪廣場套房酒店(TownePlace Suites by Mariott)
	萬豪行政公寓(Marriott Executive Apartments)
	Marriott ExecuStay
產權飯店品牌	萬豪度假會(Marriott Vacation Club)
	萬豪地平線度假俱樂部(Horizons by Marriott Vacation Club)
	萬豪豪華居所俱樂部(Marriott Grand Residence Club)
	麗思·卡爾頓俱樂部(The Ritz - Carlton Club)

*資料來源：萬豪國際公司2004 Annual Report第2頁

（四）國際飯店品牌的空間分布

　　美國作為國際飯店集團的主要發源地和總部所在地，是飯店資本、管理和品牌的輸出大國，這一事實在Hotels雜誌中得到了很好的印證。2004年，Hotels根據客房數量的多少評選出了2003年全球最大的300個飯店品牌。在排名前10位的品牌中，有8個品牌分屬6家總部設在美國的飯店集團（萬豪國際公司和聖達特集團都有2個品牌上榜，分別是萬豪飯店和華美達，天天客棧和速8汽車旅館），另外2個品牌假日飯店和假日快捷客棧全部來自位於英國洲際飯店公司，

見表1-3。

表1-3 2003年全球客房數最多的十個飯店品牌

排名	品　牌	客房數	所　屬　公　司	公司所在地
1	最佳西方(Best Western)	310 245	最佳西方國際公司 (Best Western International)	美國
2	假日酒店&度假村(Holiday Inn Hotels &Resorts)	287 769	洲際飯店集團(InterContinental Hotels Group)	英國
3	萬豪酒店及渡假村(Marriot Hotels & Resorts)	173 974	萬豪國際公司(Marriott International)	美國
4	戴斯酒店(Days Inn)	157 995	勝騰酒店集團(Cendant Corp.)	美國
5	舒適套房酒店(Comfort Inn)	147 103	精品國際飯店公司(Choice International)	美國
6	喜來登酒店(Sheraton Hotels)	134 648	喜達屋國際飯店集團(Starwood Hotels & Resorts Worldwide, Inc.)	美國
7	漢普頓套房酒店(Hampton Inn/ Hampton Inn & Suites)	127 543	希爾頓飯店公司(Hilton Hotels Corp.)	美國
8	速8汽車旅館(Supers Motels)	126 421	勝騰酒店集團(Cendant Corp.)	美國
9	智選假日酒店(Holiday Inn Ex press)	120 298	洲際飯店集團(InterContinental Hotels Group)	英國
10	華美達(Ramada)	105 863	萬豪國際公司(Mariott International)	美國

*資料來源：排名摘自Hotels 2004年第7期，第58頁；「所屬公司」整理自各飯店集團的網站

從地域分布來看，飯店品牌在各大洲的分布也有所差異，其中以北美洲居多。據史密斯旅行研究機構（Smith Travel Research，STR）的估計，67%的美國飯店主要透過聯名合約而獲得了某聯名飯店的品牌使用權，即飯店的品牌化率為67%。但STR對其他地區的估計因為資料有限而不具有可靠性。Mintel最近估計，在歐洲，品牌飯店的客房數大約占據了歐洲全部飯店客房總數的25%，其他地區與歐洲的情況大體相同。但是，因為近幾年來南美和中東地區聯名品牌的擴張十分迅速，所以，Mintel對這兩個地區的估計很可能有些保守。

二、中國飯店品牌的發展

特殊的政治、經濟環境賦予了中國飯店業不同於國外飯店業的特徵。飯店品

牌在中國的發展，基本上是在中國經濟和政治體制改革的過程中，伴隨著中國飯店業的企業化、集團化和專業化而逐步展開的。特別是在1978年後，伴隨著國民經濟和旅遊業的轉軌，中國飯店業的性質逐漸由外交事業的補充向經濟創匯行業轉變，飯店品牌也開始有了市場化成長的土壤。

（一）旅遊市場促進個體飯店品牌的萌芽

在中國「六五」計劃（1981—1985）期間，為了解決當時飯店供給嚴重短缺的問題，中國實施了「五個一起上」和外資引進政策，並取得了顯著效果。從1978年到1988年十年間，中國共批准建造了800多家飯店。這一時期出現了第一批中外合資飯店，並形成了中國第一批本土化的個體飯店品牌，北京的「建國飯店」、「長城飯店」，廣州的「白天鵝賓館」、「花園飯店」和南京的「金陵飯店」都是其中的代表。

在引進外資的同時，中國的飯店也開始重視經濟效益並實行企業化改革。1984年7月，中國旅遊局在中國全國選擇50家飯店作試點，開始在中國全國的飯店乃至旅遊企業推廣、學習建國飯店的經驗。從客觀上講，中國全國「學建國」運動推動了「建國飯店」的品牌感召力和影響力，為「建國飯店」的品牌成長提供了政策上的保障。

1988年8月，經中國國務院批准，中國旅遊局公布了《中華人民共和國旅遊涉外飯店星級標準》，開始在中國全國旅遊飯店中實行星級評定制度。從此，星級飯店的多少，特別是高星級飯店的數量，成為飯店業乃至地方政府關注的焦點。這一規定的頒布實行以及「學建國」運動的影響，在很大程度上引導中國飯店業開始重視企業形象，關注品牌建設。

（二）國際飯店品牌的大量引進

繼「六五」計劃期間中國實施「五個一起上」的方針，利用僑資和外資興建旅遊飯店後，一些國際知名的飯店品牌紛紛進入中國市場。其中代表性的事項有：1984年，香格里拉飯店管理集團在杭州開設該集團首家在中國境內的飯店——杭州香格里拉飯店；1985年，喜來登在中國設立了第一家飯店聯名，這也是它的首家國際性飯店聯名，在它的發展歷史中具有里程碑的意義；1985年，

全球最大的飯店、旅遊及企業服務集團——雅高集團進入中國。

根據中國旅遊飯店業協會的統計，截至2002年12月31日，進入中國大陸的國際飯店集團（管理公司）已經達到了22家，見表1-4。

表1-4 中國的跨國飯店集團

序號	國際飯店集團	序號	國際飯店集團
1	洲際飯店有限公司	12	香港中旅酒店管理有限公司
2	萬豪國際集團	13	最佳西方國際集團
3	香格里拉酒店集團	14	海德國際(香港)有限公司
4	雅高亞太集團香港有限公司	15	粵海(國際)酒店管理有限公司
5	喜達屋酒店及度假村管理有限公司	16	海逸國際酒店集團
6	凱萊國際酒店有限公司	17	天鵝(香港)酒店管理有限公司
7	卡爾森國際酒店集團	18	香港馬可波羅酒店管理有限公司
8	康年國際酒店集團	19	香港新東方國際酒店管理諮詢公司
9	豪生酒店管理有限公司	20	文豪仕國際酒店管理公司
10	希爾頓國際公司	21	絲路酒店管理公司
11	凱悅酒店管理集團	22	泰國 M. 格蘭酒店有限公司

*資料來源：中國旅遊飯店業協會編著.中國飯店集團化發展藍皮書2003.北京：中國旅遊出版社，2003年6月第1版

這些國際飯店品牌在涉足中國市場的初期主要推出的是豪華或高檔品牌，但是，這種狀況在近年來有所改變：經濟型飯店品牌也成為它們新的關注點。例如，雅高的宜必思（ibis）和洲際的假日快捷客棧（Holiday Inn Express）等國際飯店公司著名的經濟型飯店品牌開始進入中國市場。聖達特集團的經濟型飯店品牌——天天客棧（Days Inn）在1990年代退出中國市場後，如今又重返中國市場。可以預見，在不久的將來，中國飯店業的民族品牌與國際品牌在經濟型飯店領域的競爭將愈演愈烈。

（三）民族飯店品牌的成長與發展

從中國飯店業的歷史來看，飯店品牌和集團化的發展是相輔相成的。優秀的飯店品牌促進了飯店管理集團的誕生，而飯店集團又發揚光大了飯店品牌。

1987年初，中國出現了第一家飯店聯合體——聯誼飯店集團。該集團是由北京西苑飯店、南京金陵飯店和廣州東方賓館發起組成的橫向協作體。當年還先後成立了華龍旅遊飯店集團、友誼旅遊飯店集團等飯店聯合體。

1988年初，中國開始出現以白天鵝、麗都為代表的飯店管理公司。1988年3月，中國國務院的「國辦發（1988）17號」文批准了中國旅遊局關於發展自己的飯店管理公司的報告。

1993年7月29日，中國旅遊局頒布了《飯店管理公司暫行辦法》，對飯店管理公司設立及經營的有關問題做出了規定。

1994年，中國旅遊局審批公布了16家飯店管理公司，標誌著飯店行業初步走向專業化、集團化。

中國旅遊業的快速發展和有利的政策環境加速了中國飯店集團（管理公司）的產生。截至2002年12月31日，中國大大小小的飯店集團（管理公司）已經有91家，分布在18個省、直轄市和自治區，其中較多的省份有北京16家，雲南10家，廣東9家，浙江8家，上海和重慶各有10家。見圖1-1。

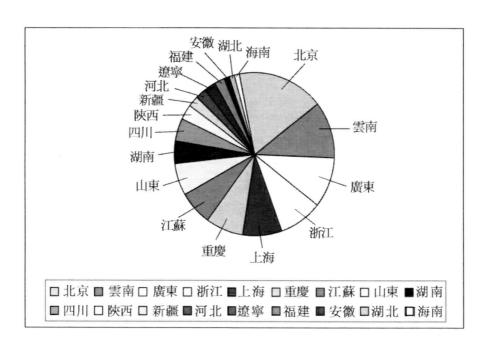

圖1-1 中國飯店集團（管理公司）的分布

*資料來源：整理自中國旅遊飯店業協會編著.中國飯店集團化發展藍皮書 2003.北京：中國旅遊出版社，2003年6月第1版.第291到293頁

在中國飯店集團化的發展進程中，湧現出了許多優秀的民族飯店品牌，例如建國國際、錦江之星和如家等。見表1-5。

表1-5 中國飯店業主要的民族品牌

主要品牌	市場定位	主要分布區域	酒店數量(家)	所屬公司
中江之旅	經濟型酒店	中國及塞拉利昂弗里敦市	23	中江之旅酒店管理集團
中旅飯店(CTS Hotel)	中檔市場，二星級至四星級飯店	全國各大城市	27	中旅飯店總公司
凱萊大酒店(Glorial Plaza Hotels)	位於市中心繁華地段或海濱度假地	國內主要城市	9	凱萊國際酒店(Gloria International Hotels)＊＊
凱萊度假酒店(Gloria Resort)	度假酒店	三亞、秦皇島	3	
凱萊商務酒店(Gloria Inns)	具備國際標準的三星級商務酒店	哈爾濱、瀋陽和青島	3	
凱萊大飯店(Gloria Grand Hotels)	五星級飯店管理品牌	海南	1	
華天大酒店	高端市場	湖南	14	華天國際酒店管理有限公司
開元大酒店	五星級酒店	浙江、江蘇	7	開元國際酒店管理公司
開元陽光	都市裡的村莊	浙江	1	
開元城市	會議商務飯店	浙江	1	
開元名都大酒店	四星級酒店	浙江	1	
嘉柏	國內高檔商務飯店	廣東、山東、北京等	18	東方酒店管理有限公司

　　*資料來源：整理自以上各飯店公司的網站、http://www.veryeast.cn（最佳東方酒店人才網）、http://www.asiachinatour.com（亞洲中國之旅）和《中國飯店集團化發展藍皮書2003》

　　**凱萊國際酒店是於1992年由中國糧油食品集團（香港）有限公司在香港註冊的酒店管理集團公司

從目前的狀況來看，中國飯店業民族品牌具有以下主要特徵。

· 還處於單一品牌的培育時期，很少有企業形成比較成熟的品牌譜系；

· 飯店管理經驗有待提高；

· 中國飯店企業在學習國外品牌成長經驗的基礎上，推出了一些針對中國

特定市場的飯店品牌。其中，經濟型飯店品牌占多數，發展得比較成熟，例如錦江之星、新亞之星、中江之旅等；

‧ 飯店品牌的定位單一且雷同，在經濟型飯店市場的競爭較激烈；

‧ 空間分布主要集中在上海、浙江和廣東等經濟發達地區，以及雲南等旅遊資源豐富的省市。

（四）中外飯店品牌的規模與績效比較

雖然中國民族品牌的發展極為迅速，但是民族的品牌建立時間尚短，沒有經過長時期的市場化競爭，品牌化程度較低，已形成的品牌也不及國外飯店品牌成熟。目前在中國飯店市場領軍的仍是國外的知名品牌（參見表1-6）。上海的國際知名飯店品牌最多。這些頂級品牌體現了飯店的服務品質，引領了中國飯店業服務水準的提升和民族品牌的成長。

表1-6 中國全中國外資飯店主要經濟指標對比（2003）

	企業數(家)	固定資產(萬元)	營業收入(萬元)	從業人員(人)	利潤率(%)
內資飯店	9 073	21 621 531	6 797 449	1 164 059	−7.87
外資飯店	678	7 534 007	3 034 198	186 522	4.15
合　計	9 751	29 155 538	9 831 647	1 350 581	—

*資料來源：《中國旅遊統計年鑑（副本）》（2005）

表1-6提供的數據表明：從企業數量來看，內資飯店占絕對多數，達到93%，而外資飯店只有7%，內資飯店是外資飯店的將近14倍。內資飯店雖然數量很多，但是在固定資產方面只占中國全國星級飯店固定資產總數的74%，是外資飯店的不到3倍。其營業收入是外資飯店的2倍多一點，從業人員數是外資飯店的6倍多。由此不難得出，內資飯店在規模上要明顯高於外資飯店。但是從利潤率等效益指標來進行比較時，內資飯店的情況就不那麼樂觀了：2003 年中國飯店市場上外資飯店的利潤率達到4.15%，而內資飯店為-7.87%，相差12個百分點。

我們可以判斷，國際飯店品牌在中國具有較高的經營績效，明顯優於中國的

飯店。這種現象的出現主要有兩個原因。

其一，國際飯店品牌在經過幾十年甚至上百年的運作後，在品牌形象、管理制度和經營理念等方面都已經發展得相對成熟，進入中國市場後，幾乎只是根據中國市場的一些特點把成熟的模式機械地複製一遍，飯店就可以走上正軌了。而中國品牌的成長還處於初始階段，品牌的培育和管理經驗的獲取雖可以利用後發優勢，但仍需要一定的時間。

其二，國際飯店品牌投資、管理或特許經營的多是高星級飯店。這些飯店的品牌本身就具有高附加值。

第二節 飯店品牌的基本原理

一、從品牌到飯店品牌

（一）品牌

英語中「品牌」（brand）一詞來源於古挪威語的「brandr」，意思是「打上烙印」，即在牛馬的身上烙上記號，以表示牛馬的歸屬。最早的品牌標記始於中世紀，當時，歐洲的行會經過努力，要求手工業者把商標貼在他們的商品上，以維護市場秩序，並使顧客免受劣質產品的傷害。

美國市場營銷學會（American Marketing Association，AMA）對品牌的定義是：「品牌是一種名稱、術語、標記、符號或設計，或是它們的組合運用，其目的是藉以辨認某個銷售者，或某群銷售者的產品及服務，並使之與競爭對手的產品和服務區分開來」。

菲利普‧科特勒（Philip　Kotler）指出，品牌不僅是一個名字，從本質上說，品牌是「銷售者向購買者長期提供的一組特定的特點、利益和服務」。

關於品牌，世界著名的品牌策略大師大衛‧奧格威（David　Ogilvy）有如此的表述：「品牌是一種錯綜複雜的象徵，它是品牌屬性、名稱、包裝、價格、歷史聲譽、廣告方式的無形總和。品牌同時也因顧客對其使用的印象，以及自身的

經驗而有所界定。」

杜恩・卡奈普（Duane E.Knap）認為，品牌不僅僅是特指某一產品或包裝好了的貨物，還是「一種思想方法和企業的主要經營戰略」，是「以某些獨特的品質屬性為特徵的事物的集合」。他認為，好的品牌具有巨大的影響力和吸引力，能使顧客從中受益。

以上對品牌的定義在表述上各有不同，但是他們無不認為，品牌是顧客用來區分產品和服務的名稱、標誌等，透過品牌，顧客可以獲得附加利益。

（二）飯店品牌

飯店品牌並不是簡單地取一個好聽的名字，它包括了很豐富的含義。按照營銷大師科特勒在《營銷管理》中的解釋，我們可以把飯店品牌的內涵分解為品牌屬性、品牌利益、品牌價值、品牌文化、品牌個性和飯店品牌的使用者等六個要素。

1.品牌屬性

飯店品牌能夠帶給顧客的首先是某種特定的屬性。例如麗思卡爾頓飯店以其「最完美的服務、最奢華的設施、最精美的飲食與最高檔的價格」被譽為飯店之中的梅賽德斯・奔馳，而不再單單是一個提供食宿的普通機構。

2.品牌利益

無法轉化為產品功能和情感利益的品牌屬性是毫無意義的。飯店品牌的屬性只有轉化為相關的利益才能夠使顧客的食宿需求以及更高層次的意願得到滿足。例如「最完美的服務、最奢華的設施、最精美的飲食」，這些品牌功能屬性可以轉化成「我享用了一頓美味而令人難忘的晚餐」情感利益；「最高檔的價格」，可以轉換成「這頓晚餐表明我是成功人士」的情感利益。

3.品牌價值

飯店品牌能體現飯店的某些價值觀。

4.品牌文化

某些飯店品牌代表了一定的企業文化，甚至是一個地區的文化傳統。凱賓斯基飯店（Kempinski Hotels & Resorts）的品牌創立於一百多年前的德國，是歷史最悠久的豪華飯店品牌之一。它所傳達的豪華、可靠性和高效率準確地代表了德國文化。此外，還有假日的「熱情」、希爾頓的「快捷」、喜來登的「關懷體貼」和香格里拉的「亞洲式」親情服務。

5.品牌個性

不同的飯店品牌具有不同的個性。簡單地說，面對一個招待所和一家五星級飯店，或看到一輛廂型車和一輛跑車，您聯想到的事物肯定大不一樣。

6.品牌使用者

飯店品牌除了能夠體現自身的某些特性外，還能反映出它的目標顧客。例如經濟型品牌的目標顧客是對價格敏感、追求經濟實惠的客人，選擇豪華飯店品牌的客人則對價格不敏感、而對服務和設施設備的要求較高；同樣，商務飯店品牌和渡假飯店品牌也有自己的特定的客戶群體。

在上述六要素中，品牌價值、品牌文化和品牌個性是飯店品牌最本質的內涵。它們構成了飯店品牌的基礎。在飯店業，麗思卡爾頓代表了豪華、個性化和成功，這就是它品牌內涵的一部分。如果在任何一家麗思卡爾頓飯店裡提供廉價服務，都會沖淡該品牌多年來形成的價值觀和品牌個性。並且，一個品牌最持久的含義應是它的價值、文化和個性，這三者構成了品牌的基礎。

二、飯店品牌的名稱、標誌與商標

由於飯店市場的不斷細分和客人識別飯店的需要，國際飯店業湧現出了大量的飯店品牌。對於飯店來說，品牌體現在飯店的名稱、標誌、商標、建築設計、室內裝修風格和服務特色等方面。

（一）飯店品牌的名稱

在飯店品牌中，飯店的品牌名稱是可以用語言表達的部分，例如雅高的豪華飯店品牌索菲特（Sofitel）、高檔品牌諾富特（Novotel）、經濟型飯店品牌宜必思（ibis）等。語言在人類文明傳播中的重要作用也使飯店名稱成為飯店品牌中

「最重要的一致性特徵」。飯店品牌名稱體現了品牌理念和特定的服務標準和價格之間的有機結合，而且，同一飯店品牌在不同國家和地區的名稱上的一致性，在某種程度上也是服務質量的保證，並直接減少了客人的搜尋成本。

（二）飯店品牌的標誌

飯店品牌的標誌可以被識別，但它是不能用語言表達的部分，包括飯店品牌的特定符號、圖案、專用色或專用字體等。不同檔次的飯店品牌，其標誌也給人不同的感覺。

圖1-2 香格里拉飯店集團的兩個品牌

在圖1-2中，香格里拉飯店的標誌是一個高聳入雲的山峰和映入湖泊的倒影。該標誌秉承香格里拉優美名稱的深刻含意，配以融合現代化及亞洲建築特色的「S」標誌，象徵人與自然之間的和諧美，彰顯豪華氣度。我們可以看出香格里拉飯店品牌的專用色是黑色和黃色，黑色的字代表莊嚴，黃色的圖案在中國古代代表權威，二者結合在一起也寓意了該品牌的高等級。

而香格里拉商務飯店則以富有中國特色的紅色印章作為標誌，既突出了中國5000年商業文化的精髓，又象徵著以商務旅行者為尊，並為其提供高等級的商住服務。

案例1-1

不同檔次飯店品牌的標誌（LOGO）

其他飯店的品牌標誌也大致有這樣的情況。在下面的案例中，我們可以看到

從豪華型到低廉型的各種檔次的飯店品牌。其中，兩種豪華型飯店品牌只用了一種顏色，並且是冷色調，圖案也較複雜，顯示出了品牌的優雅和高貴；高檔品牌也只用了一到兩種顏色，雖然出現紅色、粉色等暖色調，但背景全部較淡雅；到了中檔和低廉型品牌，情況就完全不同了，最佳西方、萬怡和速8等品牌都用了三種對比鮮明的顏色，給人以強烈的視覺衝擊。

豪華型飯店品牌的標誌

麗思　·　卡爾頓	四季度假酒店
THE RITZ—CARLTON® HOTEL COMPANY, LLC.	FOUR SEASONS Hotels and Resorts

高檔飯店品牌的標誌

萬豪度假酒店	喜來登酒店	凱悅酒店	洲際度假酒店
Marriott. HOTELS & RESORTS	Sheraton HOTELS & RESORTS	HYATT®	HOTELS & RESORTS

中檔飯店品牌的標誌

最佳西方酒店	假日酒店	品質飯店	萬怡飯店	華美達飯店
Best Western	Holiday Inn HOTELS · RESORTS	QUALITY®	COURTYARD Marriott	RAMADA WORLDWIDE

經濟型飯店品牌的標誌

速8汽車旅館	伊克諾旅店

*資料來源：品牌的分類參考了阿蘭‧ T.斯塔茨著.盧長懷，徐榮博譯.酒店與客棧管理.大連：大連理工大學出版社，2002年9月第1版.第14到21頁

（三）飯店品牌的商標

飯店品牌或其部分經註冊核準後就成為商標，註冊商標有「Ⓡ」標記，或「註冊商標」字樣。商標一經註冊，註冊人就享有所有權和專用權，並受法律保護。

在飯店業，是否對品牌進行註冊是業主自願選擇的，但是，從智慧財產權保護和無形資產投資的角度上講，經理人應該勸說業主進行註冊。國際飯店集團的這種意識很強，以上提到的國際飯店品牌基本上都是已經註冊的。

三、飯店品牌的表現形式

品牌在飯店業的應用非常廣泛，按照使用範圍的不同，我們可以把飯店品牌分為企業品牌和服務品牌兩種形態。

（一）企業品牌

飯店品牌可以是一個企業品牌，飯店的企業品牌往往是以飯店公司或個體飯店的母公司作為整體形象而設計的品牌，如聖達特集團、雅高集團、萬豪國際公司等。

（二）服務品牌

一般來說，飯店產品最顯著的特質是依託於飯店設施的種種服務和產品。因此，服務品牌是飯店品牌的基礎和核心，如表1-7中的洲際飯店和渡假飯店、假日飯店和皇冠假日飯店等。共享同一服務品牌的飯店具有相同或相似的目標市場、服務設施和服務標準等。因此，在我們入住美國的假日飯店或北京的假日飯店時，整體感覺或許並無二致。

表1-7 洲際飯店集團飯店品牌的宣傳語

品牌名稱	宣傳語	品牌描述
洲際飯店和度假飯店(Inter-Continental Hotels & Resorts)	一個理解您的飯店(One hotel understands you)	一個享譽全球的豪華品牌，在世界 63 個國家 和地區的中心城市和度假地擁有132個時尚、一流的飯店，為國際旅行者提供高品質的卓越服務
皇冠假日(Crowne Plaza)	會聚之所 (The place to meet)	一個高檔品牌，在全球主要城市擁有200多家飯店，為商務、休閒和會議旅行者提供高水平的服務和精彩的體驗
假日飯店(Holiday Inn Hotels & Resorts)	放鬆吧，這裡是假日飯店 (Relax, it's Holiday Inn)	全球識別度最高的品牌之一，以服務、舒適和價值而聞名世界
假日快捷(Holiday Inn Express)	明智的逗留(Stay smart)	一個發展迅速的品牌，提供簡單、舒適、便利、物有所值的服務
Staybridge 套房(Staybridge Suites)	賓至如歸(Make it your place)	一個創新的高檔品牌，服務於80個美洲城市的延長居留市場，在當代全套房環境中為客人提供豐富的膳宿
Candlewood 套房 (Candlewood Suites)	我們的飯店，您的空間 (Our place， your space)	一個最新購買的中檔延長居型品牌，在美國100多家精心建造的現代飯店中提供簡單的愉快體驗和價值

*資料來源：整理自洲際飯店集團Annual review and summary financial statement 2004，第8到17頁

　　對於顧客來說，服務品牌是他們更關心的品牌。至於服務品牌後的企業是誰，客人則很少在意。例如，半個多世紀以來，在飯店業享有盛譽的假日飯店，其企業品牌幾經更換，先是從假日集團（Holiday Inn）到巴斯公司；後來巴斯公司又組建了對口飯店業的六洲集團來接手假日飯店；現在六洲集團也改了名字，成為洲際飯店集團。企業品牌的多次更替，並不影響假日飯店成為世界最大的飯店品牌之一，至今，假日飯店仍在眾多飯店服務品牌中名列前茅，管理或特許經營的飯店客房達287,769間，位居世界第二。

　　需要說明的是，飯店品牌伴隨著飯店服務質量和管理水準的提高而逐步出現，它的兩種形態是互為依託的。有的飯店公司的服務品牌和企業品牌採用了同一核心名稱，如香格里拉飯店集團的豪華飯店品牌——其服務品牌之一，仍是「香格里拉飯店」。但是不同形態的飯店品牌分別使用不同名稱的現像在發展成

熟的國際飯店公司中更加普遍一些。如躋身全球500強的聖達特集團，其旗下的服務品牌有天天客棧、豪生、華美達、速8等，都沒有採用企業品牌，但是它的子公司豪生國際酒店集團的主要服務品牌仍是豪生；雅高集團（Accor）的飯店服務品牌中也沒有一個以「雅高」為名，全部都是另行確立的，如索菲特（Sofitel）、諾富特（Novotel）、宜必思（ibis）、一級方程式（Formule 1）和6號汽車旅館（Motel 6）等。

四、飯店品牌的運營特徵

（一）增值性

毫無疑問，品牌是有價值的，飯店也可以在品牌管理的過程中不斷獲取利潤。可口可樂是迄今為止品牌運營最為成功的企業之一，被《商業週刊》評為2004年全球最有價值品牌。它的品牌資產已經飆升至673.9億美元，而可口可樂最初的原料只是美洲古柯葉和非洲可樂果的提煉物。同樣，中國的民族飯店「錦江」的品牌價值也高達114.89億元，列居「中國500最具價值品牌排行榜」第40位、上海地區第4位。假日集團（Holiday Inn）將聞名世界的假日品牌賣給英國巴斯公司時，其品牌價值是19.8億美元。

雖然飯店品牌具有很高的增值空間，但對品牌投資的回報具有不確定性，運營的成功與否對品牌價值有直接的影響，有的品牌身價超過百萬，也有的品牌一文不值。作為飯店經理人，如果不注意根據市場變化調整品牌和產品結構，就很可能使品牌貶值。

（二）排他性

從法律意義上講，品牌是一種商標，表明了商標註冊情況、使用權、所有權和轉讓權等權屬情況。飯店品牌一經註冊或申請專利，其他飯店或企業就不得擅自使用該品牌從事商業活動。這就是飯店品牌法律意義上的排他性。

飯店品牌的排他性具有更深刻的市場意義。我們在經營過程中可能會發現，只要有一家飯店引進了較受歡迎的菜品或娛樂設施，別的飯店就會在極短的時間內群起而模仿，始創者的優勢很快就蕩然無存。而品牌則不同，良好的品牌一經

顧客的認可進而形成品牌忠誠，就在無形中強化了品牌的專用性，競爭對手是難以模仿的。即便競爭對手設計出相似的品牌標誌（而實際上，經過註冊的品牌標誌是受法律保護的，在特定情況下模仿其他飯店的品牌設計會惹來法律糾紛）、提供相似的服務，也無法帶走忠實顧客。一個成功的飯店品牌與其市場定位、企業文化是緊密結合在一起的，代表了客人關於飯店的全部體驗，這些是其他飯店所望塵莫及的。尤其是在飯店品牌具有了一定的知名度和名譽度，並形成口碑後，排他性就體現得更加明顯了。

（三）文化性

大凡飯店品牌，無不具有自己獨特的個性和文化內涵。經過幾個世紀的發展，飯店行業已經從提供簡單食宿服務的小旅館演變成為旅行者的「家外之家」和當地重要的社交場所。1990年代以來，就算是有限服務型的旅館也延伸到不提供飲食的中檔旅館，如舒適客棧、漢普頓客棧和假日快捷客棧等，越來越多的服務功能賦予了飯店品牌不同的文化特色。

對於國際飯店集團來說，在企業國際化的過程中還需要吸收不同地方的區域文化，以適應當地市場的需求。在飯店的品牌塑造中，我們一定要注意不同類型的飯店品牌所體現出來的文化差異性。例如經濟型飯店品牌往往表現出親切的、平易近人的文化特徵，如「潔淨似月，溫馨如家」的如家酒店；豪華飯店品牌則是高貴的、奢華的、典雅的、穩重的，如四季、麗思卡爾頓等。

（四）情感性

有一項調查表明，在公司流失的顧客中，有68%的顧客是因認為自己被忽視或不受重視而離開。這說明在品牌和顧客關係中，情感因素很重要，正是品牌的個性和態度吸引了顧客，並維持了大量的忠實顧客。

事實上，優秀品牌的創建本身就是進行大量的情感投資過程：首先透過大量的廣告、公關等營銷手段建立品牌知名度，在營銷轟炸中使顧客初步認識和瞭解飯店品牌；然後在服務質量、飯店特色上有所作為，在目標顧客中樹立較高的名譽度，這應是知名度強化，情感經營和特色服務的結果，顧客不僅認識了這一品牌，而且發現與其有相同或相似的價值取向；最後顧客對品牌產生信任，發生多

次購買行為，從而在品牌認可的基礎上建立起品牌忠誠，成為該品牌的忠實顧客。

五、飯店品牌的設計原則

（一）容易識別

飯店品牌的設計是一項藝術性很強的工作，但是設計出來的成果不能太過晦澀，應該讓普通人都看得懂，品牌名稱要簡單明瞭、易記易讀，這樣才會易於傳播。

（二）品牌特徵具有相當程度的關聯

飯店品牌應該能夠反映飯店品牌的檔次、特色等，或者與飯店的發展背景、企業文化有關。例如，精品國際酒店集團的經濟型酒店品牌「Econo Lodge」的名稱源自「economic lodge」，中文意思是「經濟、廉價的客棧」，本身就給人以低成本住宿品牌的印象。同樣，我們看到Rodeway Inn（路邊旅館）和Thrift Lodge（節儉旅館）等飯店品牌的命名也有異曲同工之妙。

飯店品牌的標準字和標準色也最好對應於飯店的檔次和功能等。例如，豪華飯店品牌的標準字和標準色多端莊典雅，給人以穩重的感覺；而經濟、低廉型飯店品牌則色彩明快，字體充滿動感，讓人覺得親切。

（三）感染力強

飯店品牌的視覺形象應該醒目直觀、新穎獨特，具有較強的視覺衝擊力，符合目標消費群體的審美觀，使人過目不忘。

（四）符合法律和風俗習慣

飯店品牌不能違背所在地國家的法律法規、民族禁忌和社會習慣等，還要避免產生不好的歧義或聯想。

第三節 飯店品牌的價值

飯店作為服務行業，其最顯著的特徵是不能提供實物產品，而是透過無形的服務滿足顧客的需求。飯店產品的這一本質屬性決定了品牌對企業、顧客和社會都具有非同尋常的意義。

一、品牌對飯店的價值

（一）品牌有助於加深客人對飯店形象的認知

每一個品牌都有自己獨特的風格。為不同的客戶群體設定不同的品牌可以使飯店的服務、設施等多種因素在顧客心中占據一個特定的、適當的位置。例如上文提到的假日飯店定位於中檔市場，提供全方位服務；皇冠假日飯店定位於商務旅行者；皇冠假日渡假飯店為高檔全功能型渡假飯店；假日快捷飯店提供經濟、有限的服務等。

鮮明的品牌定位使得客人在眾多品牌中對自己中意的品牌印象深刻。當我們看到「Ritz-Carlton」，會想到豪華、高品質；當看到「如家客棧」，會覺得溫馨、親切……這種感受來自於飯店品牌無形中向我們傳達的飯店形象。品牌在營銷傳播的過程中相當於飯店的「名片」，不斷向目標市場傳達關於產品和企業的訊息，使顧客不斷加深對產品和企業的認知，並在適當的時候促成購買行為。

（二）好的品牌是一筆巨大的無形資產

對飯店來說，運作成功的品牌本身就是一筆巨大的無形資產，可以振興有形資產為飯店帶來超值利益。中國企業開始重視品牌價值的歷史應該從1978年後算起。從目前的發展情況來看，中國民族品牌雖然與國際知名品牌相比還有很大的差距，但是民族品牌的培育可以說已經初見成效，並培育出了在國際市場上有較高知名度的「錦江」、「首旅」等品牌。

（三）品牌有助於維護飯店的競爭優勢

與產品相比，品牌更容易幫助飯店樹立起持久的競爭優勢。品牌對飯店的這一價值是從品牌的排他性延伸出來的。飯店品牌不能被競爭對手輕易模仿，它是溶解在飯店肌體裡的核心競爭力，並與時俱進，不斷增值。品牌不僅僅是顧客所購買的一項服務，它所包含的更深層的意義是服務背後所帶來的文化、品位和自

我價值的實現。就像可口可樂不是單純賣一杯軟飲料，而是賣「裝在瓶子裡的美國之夢」。一個成功的飯店品牌也不僅僅銷售客房、餐飲和娛樂，而是出售一種生活方式和人生態度。

我們還可以從戰略的高度來理解飯店品牌對企業的價值。麥可‧波特曾經提出過三種基本的企業戰略：總成本領先戰略（overall cost leadership）、差異化戰略（differentiation）和目標集聚戰略（focus）。作為飯店培育差異化競爭優勢的有效手段，可以透過強化品牌個性，設計獨特的品牌形象幫助飯店在眾多競爭對手中脫穎而出，並透過差異化戰略建立客人對飯店品牌的忠誠。由此帶來的對價格的敏感度下降可以使飯店避開惡性價格競爭。飯店品牌作為企業特有的資產，可以透過註冊得到法律的保護，減小競爭對手模仿的可能性，從而有效維持本飯店的競爭優勢。

（四）飯店品牌有助於飯店的市場擴張

在過去的20多年裡，國際飯店集團紛紛透過併購、重組等不斷擴張。加入世貿組織後，我們面對的是越來越國際化的市場環境，隨著中國旅遊業的蓬勃發展，飯店業走出國門將只是時間問題。

對國際飯店集團來說，其下屬的飯店千差萬別，分布遍及國際化大都市、渡假區和高速公路旁，目標市場包括商務旅行者、渡假旅遊者和家庭旅遊者等。在這種形式下，如果對這些從飯店區位到目標市場都差別懸殊的飯店實施同一品牌戰略，顯然會造成顧客的識別混亂。而品牌作為所有者的標誌，代表飯店服務的所有權，是財富的象徵，透過樹立優秀品牌可以實現擴大飯店經營的範圍，從而實現規模經濟，或者透過品牌資產上市、重組、兼併和收購等，促進品牌資產的擴張和增值。在這種情況下，規模的擴大顯然有助於分擔營銷和管理費用。

按照擴張範圍的不同，我們把飯店品牌的擴張分為業內擴張和跨行業擴張兩種。飯店品牌的業內擴張體現在以優秀的飯店為旗艦店，透過管理合約和特許經營等形式在更廣的地區擴大同一品牌的使用範圍；或者推行多品牌戰略，根據飯店市場細分，在不同的細分市場推出不同特性、功能和檔次的品牌，使每個品牌都在各自目標消費群體中占據獨特的、適當的位置。飯店品牌的跨行業擴張，具

體表現在推行多元化經營的公司中。例如在成功經營了飯店品牌後，可以充分利用飯店品牌的市場影響力，把這一品牌移植到飯店衍生業（如飯店設計公司、飯店裝修公司等）和飯店管理公司等相關行業。當然，推行這一戰略的公司需要擁有強大的資金後盾和技術能力。

（五）飯店品牌有助於減少企業的經營風險

相信對於飯店業的高度敏感性，大家都深有體會。我們在管理飯店的過程中，不僅要應對行業內部市場競爭的壓力，還要時時提防來自行業外的政治、經濟波動和其他突發事件對企業的衝擊。2003年「非典型肺炎」的爆發就使亞洲的飯店業蒙受了巨大損失。

由於品牌的專用性和排他性，在競爭激烈或外部環境的突變下，強有力的飯店品牌猶如一座燈塔，可以為不知所措的顧客指明避風的港灣。品牌建立一段時間後，在飯店品牌周圍勢必匯集了大批忠誠的顧客，他們往往只認準某一品牌，而對其他飯店具有很強的「免疫力」。眾多忠實顧客的存在能使飯店從容面對大風大浪，有效地增強抗風險能力。

（六）飯店品牌可以提升企業的凝聚力

從內部營銷的角度看，品牌可以聚攏八方人才，增強飯店員工的工作熱情。人們都願意到大公司、有名的公司去工作。當你說自己在一家具有市場領導地位的飯店工作時，無疑會給人們留下深刻的印象。飯店品牌的名譽度和強大的社會影響力會使員工充滿自豪感和工作熱情。而且，在這個員工流動率高的行業裡，一個好的飯店品牌比沒有品牌的「路邊旅館」更容易幫助員工實現自我價值，從而也更具吸引力。

二、飯店品牌對顧客的價值

毫無疑問，這是一個品牌崇拜的年代，很難想像有不受品牌影響的顧客。試想一下，你到了一個陌生的地方，住宿和飲食恐怕是首先要解決的問題。那麼你怎樣去挑選要入住的飯店呢？最理性的辦法是掌握整個地區的飯店情況，然後經過比較做出選擇。但是這只是一個理想化的方法，我們大概從未聽說過有人會把

當地所有的飯店情況都調查一遍，只是為了決定在哪裡住一晚。在現實中，你往往會選擇一個以前住過或別人推薦過的某個知名飯店去入住。

那麼，顧客為什麼對品牌有如此的熱忱呢？

（一）飯店品牌可以減少客人的搜尋成本

如前所述，飯店產品主要體現為無形的服務，與有形產品相比，具有生產和消費的同步性、不可儲存性和不可轉移性等特性。因此，面對林林總總的飯店，顧客無法在消費之前對飯店產品的服務質量和效用做出準確的預期，除非他以前已經在這家飯店消費過。

在「注意力經濟」的時代，飯店品牌就像是一則無處不在的廣告，宣傳著飯店產品的特色、質量，並在隨便任何一個地方指引著顧客的購買傾向。有了飯店品牌，客人就不必在「茫茫店海中」苦苦搜尋，只須「驀然回首」，便可覓得他所需要的飯店。

從世界範圍來看，各國的飯店分類體系缺乏一致性，顧客面對千變萬化的飯店類型難以清楚地瞭解飯店的質量和服務檔次，這時，品牌就充當了產品質量和價格的識別信號。

（二）飯店品牌可以幫助客人樹立消費信心

品牌是飯店對市場的一種承諾，它以長期穩定的服務質量和良好的信譽為基礎，因此更能贏得客人的信賴。況且，品牌的樹立不是一朝一夕能夠完成的，公司需要在其中投入大量的資金成本和時間成本，而品牌的摧毀卻是輕而易舉的。出於這一考慮，具有品牌意識的飯店總是要用穩定而有保障的優質服務精心樹立新品牌或呵護已成熟的品牌。因此，選擇一個有品牌的飯店對顧客來說風險更低一些，而且品牌也能使顧客產生一種物有所值的感受。

（三）飯店品牌可以滿足客人更高層次的心理需求

與普通商品相比，人們往往願意為名牌產品付出更高的價格，在飯店業更是如此。更何況在很多時候，飯店品牌，尤其是豪華和高檔品牌對顧客來說是一種身分和地位的象徵。在馬斯洛的需要層次理論中，人們都有情感的需求，並渴望

被社會認可。優秀的飯店品牌正迎合了這種心理，它可以滿足客人受尊重的需求，並顯示自己不凡的身分。

（四）飯店品牌使顧客獲得歸屬感

如果異鄉的旅行者在一個陌生的環境中看到了自己熟悉的飯店標誌，心中肯定會湧起一股暖流——啊哈，終於找到老朋友啦！顧客與飯店品牌之間的情感交流能使顧客產生歸屬感，並誘發重複消費。

三、飯店品牌對社會的價值

（一）飯店品牌為公眾監督提供了有效的工具

飯店品牌相當於企業中的上市公司，完全置於公眾的眼球之下，自覺接受社會的監督。中國有句俗語：「槍打出頭鳥。」樹立了品牌，尤其是已成名牌的飯店正是飯店業中的「出頭鳥」，當然會引來更多關注，即使偶發差錯也會被廣泛傳播。這樣，在法律監督和輿論監督之外，飯店品牌就為社會提供了另一個監督飯店的渠道。

（二）飯店品牌可以促進產品創新

人們「喜新厭舊」的本性和日益激烈的競爭環境促使飯店不斷推出新的產品和品牌，或賦予老品牌以更具時代感的個性特徵。因此，飯店品牌在正確引導人們的消費習慣上也是功不可沒的。

（三）飯店品牌有助於維護競爭秩序

品牌能為飯店帶來現實收益和潛在價值，飯店為了維護品牌不斷提高服務質量、開發新產品，以積極的形象應對競爭。而且經過登記註冊的飯店品牌還具有排他性，並享有法律保護，從而有利於飯店業形成健康、有序的競爭秩序。飯店品牌並不是飯店某一獨立的單項指標，而是服務質量、企業信譽等方面的集中體現。如果飯店業都熱衷於品牌層面的競爭，當然會有助於行業的可持續發展。

（四）優秀的飯店品牌彰顯地區、國家的競爭力

從中國全國的範圍來看，一個優秀的飯店品牌相當於所在地區的一張漂亮的

名片。北京的北京飯店、建國飯店，廣州的白天鵝賓館，南京的金陵飯店等對提升地區形象都造成了不可忽視的作用。1980年代，中國地方政府對建設高星級飯店熱情有加，部分原因正是出於此。

在世界範圍內，飯店品牌的這一作用也得到了體現。縱覽全球的飯店集團和知名飯店品牌，我們耳熟能詳的幾個飯店集團和飯店品牌大都來自發達國家，並以發達國家為總部或基地進行擴張。2003年全球飯店集團前十名全部來自美國、英國和法國，其中有七家的總部設在美國，它們是聖達特公司、萬豪國際公司、精選國際飯店公司、希爾頓飯店公司、最佳西方國際公司、喜達屋國際飯店集團和卡爾森國際飯店集團。其中，洲際飯店集團和希爾頓集團的總部在英國，唯一的一家法國公司是雅高集團，當年全球飯店品牌的排行情況也基本與此相當。

而且，多年來，著名飯店品牌在飯店集團之間的收購與被收購從來沒有停止過。可以說，一個國家或地區飯店品牌數量的多寡在一定程度上反映了該國家或地區飯店業的發展水準，甚至代表了當地的經濟繁榮和政治穩定狀況。

第二章 如何創建飯店品牌

導讀

隨著顧客需求的變化、飯店市場的細分和產業集中度的提高，飯店業的市場競爭越來越激烈。根據Mintel的統計，到2002年，全球的飯店客房數已經有17,355萬間。而中國星級飯店數量也已經超過10,000家。作為飯店的經理人，當然有必要考慮在市場競爭中如何贏得優勢。本章第一節介紹飯店經理人應當具備品牌意識，指出目前存在的幾種觀念誤區。第二節著重分析飯店創建品牌的使用者決策、品牌名稱決策和視覺識別系統的建立。第三節著重分析品牌定位的原則、方法和具體步驟。

第一節 經理人應該具有品牌意識

營銷專家賴瑞・萊特（Larry　Light）曾指出：「未來的營銷是品牌的戰爭——品牌互爭短長的競爭。商界與投資者將認清品牌才是公司最寶貴的資產，擁有市場比擁有工廠重要得多，唯一擁有市場的途徑就是擁有具有市場優勢的品牌。」從飯店業的情況來看，擁有品牌最多的飯店集團有萬豪、希爾頓、雅高和聖達特等，它們無不憑借多品牌優勢在飯店業的不同細分市場中占據了重要位置。

然而，在中國很多飯店經理人眼中，品牌充其量只是管理過程中微不足道的應景點綴而已。對品牌模糊、淺顯的認識在飯店管理過程中是極其危險的。

一、品牌觀念的幾個誤區

（一）對飯店品牌缺乏戰略上的重視

中國飯店業以品牌區分產品的意識還比較淡薄。回想一下中國飯店在經營中強調的是什麼，會很明顯地發現，大家關注的是出租率、房價、服務設施和財務狀況等。人們會反覆強調這樣一些事實：營收增加了，GDP增長了，控制了支出，創造了良好的收益，等等。然而，如果一家飯店想取得較持久的優勢市場地位，經理人首先關注的應該是飯店品牌。品牌在很多時候甚至要重於短期財務問題，因為所有的財務問題都直接地受到了品牌狀況的影響。

（二）創建品牌就是為飯店命名

有的經理人認為，創建飯店品牌就是為飯店設計一個琅琅上口的名稱，或者一個醒目的標誌，這樣就萬事大吉了。這種想法恰恰忽視了品牌的關鍵內容。品牌的成功與否被品牌推廣、質量控制和客戶服務等多種因素制約著，如果只是限於粗淺的名稱和標誌，品牌最終會淪為飯店內部自娛自樂、自我欣賞的「面子工程」。

（三）飯店的品牌形象混亂

20世紀，在政府建飯店的過程中，中國大地上湧現出了許多以省名、市名等專用地名命名的「賓館」、「大廈」。這種命名方法不利於飯店品牌在中國全國和世界的擴張，並且在對外宣傳時會遇到一些尷尬的局面，例如「××飯店」到底是指某一家飯店還是××地區飯店的總稱？局外人可能會深感困惑。更重要的是，客人無法從中瞭解到飯店的經營特色和其提供的服務內容，更無從知道A飯店和B飯店有什麼差別，不能正確區別不同的品牌。

（四）做品牌就是做廣告

有人認為，品牌就是用錢疊起的巨大光環，做品牌就是簡單地利用巨資進行地毯式廣告轟炸，做出名氣來就行了。這種觀點其實是大錯特錯了，做品牌不是玩「燒錢遊戲」，在樹立品牌上對廣告造勢的迷信，往往是與對質量的忽視聯繫在一起的。沒有質量做後盾，再輝煌的飯店品牌也只能是無源之水、無本之木，終將曇花一現，歸於沉寂。

一個飯店品牌的成功當然離不開廣告，離不開營銷，但是它更需要當任何人聽到飯店名稱或看到品牌商標時能夠聯想到品牌的內涵。

（五）盲目進行品牌擴張

有的飯店在一個品牌運營成功之後，就迫不及待地把這一品牌模式推廣到不同檔次、不同功能類型的飯店中去，盲目地進行跑馬圈地式的品牌擴張。這樣一來，令人困惑的品牌定位將無法有效地傳達出它能帶給顧客的好處，勢必會造成客人的認知混亂。試想一下，如果一個高檔飯店叫「××飯店」，一家路邊旅館也如此命名的話，豈不是會貽笑大方？高端客源又如何能獲得心理上的滿足呢？而且，在未形成成熟的核心品牌之前就盲目擴張，沒有嚴格的管理體系和質量控制系統做基礎，很容易使飯店品牌的前期創建工作前功盡棄。

（六）只促銷品牌的屬性

有的飯店雖然已經創立了具有較大發展潛力的品牌，但是在促銷時片面地將某一個品牌屬性作為焦點反覆強化。只促銷品牌的屬性對飯店來說有以下風險。

首先，顧客對品牌屬性並不關心，他們真正感興趣的是飯店品牌能給自己帶來什麼利益——是對自己社會地位的認同（豪華飯店品牌），還是滿足了渡假休閒的需求（渡假飯店品牌），或是廉價實惠（經濟型飯店品牌）。

其次，競爭對手很容易模仿品牌的屬性。假如麗思卡爾頓只是一味地宣揚它的「設施豪華」，那麼很可能會有其他競爭性品牌用金錢疊築起更奢華的一座飯店來，那麼麗思卡爾頓原先的競爭優勢很快就會消失殆盡。

最後，顧客的需求不斷變化，當初備受推崇的某個屬性，可能早就被客人拋在腦後，因此而變得毫無意義。

二、飯店經理人應該具備的品牌意識

（一）飯店品牌需要以客人為中心，以服務質量為基礎

作為營銷意義上的術語，品牌也必然是以需求為中心，客人才是飯店品牌存在的意義，只有被客人接受的飯店品牌才能實現其市場價值。如果僅僅在飯店內

部強調品牌的存在，卻把客人擱在一邊，甚至出現企業內的品牌建設熱火朝天，而客人卻一無所知的局面，就會使飯店品牌的價值大打折扣。

飯店的成功依賴的是提供令客人滿意的服務，一個優秀的飯店品牌必須以優質的、有保障的服務質量為基礎。世界著名飯店品牌的成長所具有的一個共同特徵，就是對服務質量的孜孜以求。麗思卡爾頓被認為是全球頂尖級的豪華飯店品牌，它對飯店質量管理的苛刻程度，從下面的案例可見一斑。

案例2-1

麗思卡爾頓的全面質量管理

麗思卡爾頓飯店管理公司規模不大，但是它管理的飯店卻以最完美的服務、最奢華的設施、最精美的飲食與最高檔的價格成為飯店之中的精品。麗思卡爾頓飯店的成功與其服務理念和全面質量管理系統密不可分。

在麗思卡爾頓飯店，無論總經理還是普通員工都要積極參與服務質量的改進。高層管理者要確保每一個員工都投身於其中，把服務質量放在飯店經營的第一位。高層管理人員組成了公司的指導委員會和高級質量管理小組。他們每週會晤一次，審核產品和服務的質量措施、賓客滿意情況、市場增長率、市場發展趨勢、利潤和競爭情況等，要將其四分之一的時間用於與質量管理有關的事務，並制定兩項策略來保證其市場上的質量領先者的地位。具體來說，公司遵循下列五條指導方針：對質量承擔責任、關注顧客的滿意、評估組織的文化、授權給員工和小組，以及衡量質量管理的成就。

對麗思卡爾頓飯店的全體員工來說，使賓客得到真實的關懷和舒適是其最高的使命。服務程序的三部曲是：（1）熱情和真誠地問候賓客，如果可能的話，做到稱呼賓客的名字問候；（2）對客人的需求做出預期和積極滿足賓客的需要；（3）親切地送別，熱情地說再見，如果可能的話，做到稱呼賓客的名字向賓客道別。

總之，全面質量管理使麗思卡爾頓在競爭中處於有利位置。同時它在營銷方面也不甘落後，採取一些有效的營銷戰略，使其經營管理更加面向顧客。它強調圍繞顧客設計的特殊活動，並透過其富有創造性的營銷活動為顧客創造價值。

*資料來源：整理自www.veryeast.cn

當然，對服務質量的要求還要把握一個「度」，並不是每一家飯店都可以成為「麗思卡爾頓」，客人的需求標準和支付能力也不盡相同，根據自己的主要目標市場制定服務質量標準是十分必要的。

（二）使每一名員工真正關心飯店品牌的成長

只有經理人想著品牌還是不夠的，還需要把正確的品牌意識灌輸到員工的頭腦中，落實在實際工作上，進而融入到企業文化之中。

2000年，泛世通輪胎的品牌危機就是因為員工對品牌的維護不力造成的。據《紐約時報》報導，在該公司召回輪胎的前兩年，泛世通的財務人員就已經知道有許多顧客對某種型號輪胎的安全問題表示不滿；之前四年，該公司的工程師就被告知銷往亞利桑那州的汽車輪胎在高溫天氣中出了問題；而且危機出現前，公司的律師就處理了1,500起關於汽車輪胎安全問題的法律訴求。然而，始終沒有一個員工向公司反映這些事情，直到最後，危機已無可避免。

對於飯店業這樣一個提供面對面服務的行業來說，員工每時每刻都會與客人接觸，對員工品牌意識的培養尤為重要。那些擁有知名品牌的飯店並不僅僅是因為它們做了多少精彩的廣告，而是因為顧客與飯店的每一次接觸都成為令人愉悅的經歷。當從客務部、客房部、餐飲部，到市場營銷部、工程部和人力資源部等部門的每個員工都成為品牌專家時，飯店品牌的成功就指日可待了。

（三）在飯店的所有決策中都要考慮品牌

飯店經理人的品牌意識不應該只是在品牌建設中才顯現出來，這種意識應貫串到飯店管理的方方面面。經理人在進行所有決策前都要權衡一下這項決策與當下執行的品牌戰略是否相悖，從而保證品牌戰略的完整性和持續性。

在飯店品牌的併購中存在的顯著問題之一就是沒有考慮到品牌戰略。人們潛

意識裡認為1＋1＝2，但如果加入品牌因素的話，不同品牌之間還存在一個相互磨合的問題。這樣，1＋1的答案就不止是一個了，可能等於0，也可能還是1，還可能大於2。

一個典型的案例就是萬豪國際公司對萬麗品牌的收購。萬豪的經營者在接管萬麗後只看到了萬麗的盈利狀況，對其品牌問題關注不夠。當時萬豪原有飯店的品牌定位較明確，但萬麗的品牌標誌混亂，服務標準也沒有統一，從而造成了顧客的識別障礙，導致萬豪銷售額的下降。後來萬豪透過對萬麗品牌的重新整合和定位才解決了這一問題。本章第三節會詳細介紹其經過。

（四）塑造可識別的服務品牌

隨著顧客的日益成熟，飯店面對的消費需求將越來越細分化。這需要飯店根據不同目標市場的特點進行品牌定位，塑造出可識別的服務品牌，使客人透過品牌認知就能馬上找到自己所要的飯店。採取這種經營方式的飯店，每個品牌都有很大的獨立自主權，每個品牌都各有優勢，而且飯店各品牌之間幾乎沒有很明顯的關聯。例如，雅高國際飯店集團就針對不同的目標消費群設置了索菲特和諾富特等品牌，儘管這些品牌完全分開做市場營銷，而且沒有一個飯店品牌帶有雅高這個名稱，但是，在區分這兩個品牌方面，顧客卻沒有任何問題。

（五）重視品牌資產的維護

飯店除了重視獲利能力外，還要懂得以法律武器保護飯店品牌的整體價值。中國許多企業並不懂得用法律武器維護本企業的利益。有的企業經營得相當成功，飯店品牌也有了一定的知名度，卻未進行商標註冊，甚至遭到惡意搶先註冊，最後不得不放棄自己苦心經營的品牌。這不管是對企業，還是對飯店品牌，都是最為慘重的損失。

在當今的網路時代，飯店經理人還應該注重飯店品牌在互聯網上的推廣，最基本的是註冊飯店品牌的網路實名。1997年，廣州的白天鵝賓館在中國全國飯店業中第一批建立了自己的互聯網網站www.white-swan-hotel.com。當時一位香港人在之前搶先註冊了www.whiteswanhotel.com，並要求白天鵝賓館出資5萬元人民幣買回該網域，白天鵝賓館作了冷處理，並於2000年3　　　月成功註冊了

www.whiteswanhotel.com。2001年，白天鵝賓館在34個商品類別中申請進行全類註冊。為了對「白天鵝」商標進行更全面的保護，賓館還組織專人對商標進行管理、監控、保護。

（六）具有全球化的戰略眼光和戰略思維

作為飯店經理人，應具備更強的戰略意識，立足中國，放眼世界，在培育強勢品牌和尋求全球認同的兩端找到平衡點。

朱卓任（Chuck Y.Gee）先生在《國際飯店管理》一書中就曾提出了「全球化思維、本土化經營、個性化銷售」的飯店管理理念，這一理念對我們的品牌經營也頗有裨益。1978年以來，中國的飯店紛紛被國際品牌的飯店管理公司接管。如果說學習管理經驗，那已經學了20多年了。然而時至今日，我們在綜觀中國飯店市場後，仍然很難發現真正有實力與國際品牌相抗衡的民族飯店品牌，只有一些活躍在各自行政區域內的地方性飯店集團，而且基本上每家集團都只有一個服務品牌，或者是多品牌戰略還未付諸實施。這不能不說是中國飯店業的悲哀。

為了中國飯店業的明天，飯店經理人在品牌管理方面應有敢為天下先的豪邁，首先實現品牌意識的全球化。當然，全球化並不是要簡單地進行飯店的全球化擴張，在現階段，樹立全球化的戰略眼光，放眼全球，善於接受先進的品牌管理理念和思路等，在軟體方面與世界接軌或許才是更重要的。一般應該先在中國建立起一兩個成熟的飯店品牌，再以此為依託向海外輸出管理或進行特許經營。畢竟，中國有著世界六分之一的人口，如果放棄我們熟悉的中國市場，在實力不夠強的情況下盲目對外擴張，未免有些因小失大。

另外，我們還應注重在多種不同環境中設計出協調一致的品牌標誌和品牌形象，使企業的運營不單純侷限於飯店產業，而是傾向於向相關行業或市場拓展業務。

（七）樹立可持續發展觀

「羅馬不是一天建成的」，飯店品牌的培育也不可能一蹴而就。飯店品牌要

作強、作大、作持久，就不能一味地追求利潤。飯店經理人還必須權衡品牌所擔負的社會責任，使品牌與社會需求相連，幫助解決現今的社會問題，才能實現可持續發展。例如，凱悅奉行「時刻關心您」的服務宗旨。提供高質量的服務並不是凱悅為社會貢獻的唯一方式，該公司在社會和環境方面也造成了很重要的作用，公司固有的理念就是：在任何時候、任何地方，只要公司能夠做到，公司就會透過各種方式回報當地的居民和環境。

第二節 經理人如何做創建品牌的決策

一、經理人創建飯店品牌的準備工作

「知己知彼，百戰不殆。」在品牌創建的第一步，首先需要瞭解外部市場環境對發展飯店品牌的機遇和挑戰、企業內部的優勢和劣勢，從而確定品牌創建工作的目標。

（一）市場環境調查——機遇和挑戰

在很長一段時期內，我們都習慣於遵循「由內而外」的思維方式，研究開發自認為市場最需要的產品。事實上，在變幻莫測的市場環境中，最明智的品牌經營和管理應該源於對市場的深刻分析和準確預測。

1.瞭解競爭對手是誰

需要明確的是，在同一市場中，不必與所有的飯店品牌進行競爭，一個飯店的競爭對手是那些與自身有相同或相似的品牌定位、相同的目標消費群的飯店。所以，只需要瞭解在當地區域域的市場上，甚至本飯店的細分市場中，有哪些飯店的哪些品牌與自己的飯店品牌構成了競爭，他們的品牌定位是怎樣的，整體的經營狀況如何。

2.瞭解顧客是誰，他們需要什麼

「顧客走進飯店都是為了獲得食、宿、娛等方面的滿足」。這樣概括顯然太過空泛了，不是每一個顧客都熱衷於尋找一家廉價的旅館，他們當然也不可能都

願意消費五星級的幽雅環境。在瀏覽了全部顧客的簡單特徵後，尤其要瞭解本飯店的主要目標消費群體。須要瞭解的具體內容包括：

（1）飯店在他們的生活中扮演什麼樣的角色？

（2）他們如何看待飯店品牌？

（3）品牌在他們的飯店消費過程中（包括決策、消費和評價等）起什麼作用？

（4）顧客怎樣看待競爭對手的飯店品牌？

（5）影響顧客選擇或放棄飯店品牌的因素是什麼？

（6）顧客為什麼選擇我們競爭對手的品牌？

（7）更重要的是，對於我們的目標群體而言，目前的品牌與他們的理想差距有多遠？

透過對顧客行為的分析，我們可以從顧客的角度理解飯店品牌的價值，全面理解顧客在現實生活中的心理動機，從而比競爭者更多地為目標客戶提供價值，以求在競爭激烈的環境中求得生存。

3.市場機會

在分析了競爭對手和客戶需求後，如果我們發現有一部分顧客未得到滿足，或者他們對現狀很不滿意，這部分被市場忽略的需求就將成為我們潛在的市場機會。

（二）認識自己的優勢和劣勢

就個體飯店而言，只要知道自己在當地市場上的位置就可以了，因為飯店所提供的服務是無法轉移的，所以，千里之外的強勢品牌對我們幾乎是沒有市場壓力的，它們根本不可能把我們的客源搶過去。

另外，還要進行飯店的內部調查，明確資金、人力資源、設施設備等狀況，清楚自己能作什麼，擅長什麼，在品牌創建的過程中需要迴避哪些弱項。

（三）確定品牌建設的目標

在明確了飯店的內外部環境後，我們可以結合市場環境的機遇和企業自身的優勢，確定品牌建設的目標。它著重解決的是飯店在未來一段時間內將要樹立的品牌個性、品牌定位和飯店的品牌結構等問題。經理人明確了以上的問題，才能制定有效的品牌決策。

二、品牌的使用者決策

對飯店來說，品牌無疑是必須的。市場是如此龐大，如果沒有品牌，飯店甚至不能宣傳自己。因此，飯店面對的第一個問題是，自創品牌，還是採用別人的品牌。

（一）決策依據

在決定是自創品牌，還是聘請管理公司，或是使用特許品牌時，可以從飯店業在總公司中的地位、飯店的類型、資金和人才儲備等幾個方面加以考慮。

1.飯店在業主總體發展戰略中的地位

如果飯店業在總公司的戰略布局中只是產生輔助作用的，飯店板塊並不是主業，這時，就不用投入大量人力、物力和財力去自創品牌，完全可以交給一家管理公司來管理或者使用特許品牌，這樣可以直接使用已經成熟的飯店品牌，在短時間內使飯店迅速增值。

2.資金實力和人力資源狀況

資金是否雄厚、是否有相關的專業人才能夠從事飯店品牌的創建、推廣、維護和投資等方面的工作，也是飯店經理人在決定如何使用品牌時要特別考慮的問題。如果沒有充足的資金和合適的人才輔助完成品牌管理的工作，最好還是使用特許品牌或引入管理公司。

3.特許品牌和管理公司的選擇

如果放棄自創品牌的話，還有兩個方案可以選擇——管理合約和特許經營。一般來說，經濟型品牌多用於特許經營，這種方式風險相對較低，業主可以保障

自己對飯店的所有權和經營權。而且對於飯店業主來說，管理合約在費用、利潤分配等方面，要比特許經營協議花費更多。中國中國的一些飯店品牌，如錦江、新亞和建國國際等，就採取了特許經營的途徑來發展經濟型飯店品牌。而國際上提供特許經營的中低檔飯店品牌主要有假日、品質客棧和宜必思等。

從目前國際飯店業的發展歷史來看，一些中高檔以上的飯店品牌更多的是透過管理合約進行品牌擴張。因此，如果我們擬建立的是這類的品牌，聘請飯店管理公司或許效果更好。提供管理輸出的國際著名飯店品牌有洲際、威斯汀、凱悅、希爾頓、喜來登和四季等。

使用他人品牌不僅僅是在招牌上掛上他們的名字，更重要的是該品牌所帶來的客源、服務質量的提高和管理手段的改進等。因此，在選擇使用其他公司的品牌時，須詳細考察飯店品牌的市場影響力、管理水準、品牌個性、營銷渠道等。

（二）優劣比較

1.自主發展品牌

如果是自主發展品牌，那麼飯店需要有較大投入，並耗費大量的時間來培養飯店管理的專業人才和一個成熟的品牌，風險也得獨自承擔。

2.使用別人的品牌

如果是使用他人的品牌進行經營，那麼還要做進一步的選擇：使用飯店管理公司的品牌，還是透過特許經營獲得品牌使用權。在選擇使用方式前，飯店的經理人應全面研究管理合約或特許經營協議所帶來的成本和收益。

（1）管理合約

透過與飯店管理公司簽訂管理合約，業主即使不具備飯店管理能力也可以擁有聲譽良好的飯店品牌，取得顧客的認同，並可以取得管理公司的運營和培訓指導。國際上的管理公司經營的多是高檔品牌，在吸引高端客人、保持較高的平均房價和出租率方面很受推崇。

（2）特許經營

如果希望與一家飯店聯名，簽訂特許經營協議，以使用聯名的品牌、服務標準、客源和業務操作流程，則業主須向飯店聯名支付特許經營費。

一般來說，特許經營比較適合經濟型的飯店，這些飯店規模不大，自身的資金力量有限，使用特許品牌可以獲得客源、管理和商業信譽等方面的保證，而無須進行長期的經驗積累，費用也不高。具體而言，我們可以共享特許方的廣告、全球預訂系統，享受集團採購所帶來的低成本，並且特許方還會定期對飯店服務質量和業務狀況進行檢查和監督。特許方在長期經營中積累下來的有效的品牌運營方式，或許是我們在特許經營協議中取得的最大的收穫。這些成熟的品牌運營方式降低了我們在品牌經營中的風險，相對於管理合約來說，我們還可以透過使用特許名號在更短的時間內招徠顧客，獲得客人對飯店品牌的認同，並迅速培養出一批忠實顧客來。如果可能的話，還能更方便地獲得融資。

（三）挑選合作夥伴要考慮的問題

如果是選擇使用別的飯店公司的品牌，在挑選飯店公司及其品牌的問題上應該慎之又慎。具體來說，可以考慮以下因素。

第一，該公司的經營在近十年中有無發展？市場地位如何？管理、特許經營了多少家飯店？

第二，該公司有多少飯店品牌，在市場中如何實現差別化？品牌定位是怎樣的？能否完成預期的經營目標？飯店品牌如何吸引顧客，並為細分市場的顧客提供服務？

第三，該公司的聲譽如何？近五年來是否中止過特許經營協議或管理合約？如果有，原因是什麼？

第四，該公司是否擁有最新的管理技術和最新的品牌運營理念，這些新技術和新理念如何導入？

第五，在一般的市場條件下，該公司的中央預訂系統每月可以完成多少銷售額？在訂票方面，中央預訂系統是否同機票預訂系統合作？預訂而未入住客人的比例是多少？

第六，該公司能否提供培訓服務？

第七，能否提供顧客關係報告？顧客對其飯店品牌的認可度如何？

第八，該公司的某一飯店品牌有沒有在相關市場經營的成功經驗？在我們所處的市場範圍中，有沒有足夠的營銷力量？

第九，在本區域內，該公司擁有、管理或特許經營了幾家飯店。如果還未涉足當地，那麼這家公司或許會很重視與我們的合作，或者它們的戰略範圍已經排斥了當地。如果是前者的話，我們在討價還價時可能具有較強的談判能力，但是因為沒有先例，所以在將來的品牌經營中風險也會更多一些。若是後者，我們可以指出本飯店的發展潛力，說服它允許我們使用其品牌。

三、品牌的名稱決策

（一）獨立的品牌名稱

飯店的品牌名稱可以與母公司完全不相關。在飯店業，很多國際飯店集團的品牌都與公司品牌名稱無關。例如2003年全球飯店集團中飯店數量排名第一的聖達特集團，它所有的飯店品牌名稱中都沒有出現「聖達特（Cendant）」；排名第二的精品國際飯店集團採取的也是這種方法，它的品牌名稱也沒有使用「精品（Choice）」；另外，雅高集團也採取了獨立的飯店品牌名稱。關於這些公司具體的飯店品牌，可以參考第一章中的相關表格。

（二）使用公司的品牌名稱

以公司（包括本飯店的母公司或所使用的品牌的母公司）的品牌名稱作為本飯店的服務品牌名稱。例如，洲際飯店集團的洲際飯店（InterContinental Hotels & Resorts）品牌；萬豪國際公司的萬豪飯店（Marriott Hotels and Resorts）；希爾頓酒店公司的希爾頓（Hilton）；最佳西方國際公司的最佳西方（Best Western）等。

然而這種名稱決策在飯店業比較少見。因為飯店有多個細分市場，就算同一細分市場也可再分為多個檔次，因此對所有等級和細分市場的飯店都使用公司品牌的話，容易造成顧客的識別困難。我們在前文也討論了相似的問題。

（三）公司品牌名稱與服務品牌名稱相結合

公司名稱與服務品牌名稱的結合使用，可以使品牌名稱既繼承公司品牌的良好信譽，又以服務品牌名稱賦予飯店獨特的個性。使用這種命名方法的有萬豪國際公司的JW萬豪飯店及渡假飯店，萬豪行政公寓，萬豪會議中心（Marriott Conference Center），萬豪國際渡假俱樂部（Marriott Vacation Club International），Marriott ExecuStay等品牌；希爾頓飯店公司的希爾頓庭園旅館（Hilton Garden Inn）；還有凱悅飯店集團的三個品牌：凱悅大飯店（Grand Hyatt Hotels）、柏悅飯店（Park Hyatt Hotels）和凱悅攝政飯店（Hyatt Regency Hotels），它們「進一步拓寬了凱悅品牌追求獨特建築風格、追求優質服務和反映飯店當地特色的形象」。

需要指出的是，不僅飯店集團的公司品牌可以出現在品牌名稱中，本飯店母公司（即業主）的品牌名稱也可以表示出來。例如成都萬達索菲特大飯店（Sofitel Wanda Chengdu）所使用的品牌名稱就是業主的公司名稱（萬達）與飯店管理公司的品牌名稱（索菲特）的結合。這種命名方式無疑會使業主的公司知名度得到提升，然而如果飯店經營出現傳播廣泛的惡劣事件，也會使業主的聲譽受到影響。

（四）受託品牌名稱與公司品牌名稱相結合

受託品牌是經過公司認可的獨立（產品）品牌，採取這種命名的飯店品牌多以受託品牌名稱＋by＋公司品牌名稱的形式出現。例如卡爾森國際飯店公司的Country Inns & Suites By Carlson；萬豪國際公司的TownePlace Suites by Marriott和SpringHill Suites by Marriott；希爾頓酒店公司的Homewood Suites by Hilton；喜達屋國際飯店集團的福朋（Four Points by Sheraton Hotels）。這種命名與上一種很相像，只不過在形式上更強調了獨立品牌的個性，而且在飯店品牌的標誌上也是突出了受託品牌，而對公司品牌則輕描淡寫，並被置於不顯眼的地方，字體較小，色彩也不醒目。

以上為四種常見的飯店品牌的名稱決策，然而作為個體飯店，除非是使用自己的品牌，否則在品牌名稱上的決策影響力將是微不足道的。因為品牌決策不是

獨立的，管理模式和企業整體發展戰略的選擇對其有較大的影響。使用自己的品牌和品牌名稱常與自主經營相關，當然，也不排除有的飯店接受管理公司的管理，但不使用它的品牌。如果選擇聘請管理公司管理或加入特許經營網絡，那麼我們在決定飯店品牌的名稱時，往往要受制於品牌提供者，因為所選取的飯店管理公司或特許經營公司大多已基本形成了成熟的品牌體系，一切都變得模式化，能夠發揮創造性的地方不會太多。

四、規劃飯店品牌的識別系統

接下來我們要規劃飯店品牌的識別系統。從理論上講，飯店品牌的識別系統應該與企業文化的識別系統相似，包括理念識別、行為識別和視覺識別。結合飯店品牌的特色，我們認為視覺識別更具有特殊性，而理念識別和行為識別則可以參照企業文化系統，因此這裡主要談到的是飯店品牌的視覺識別系統的建立。

飯店品牌的視覺識別系統一方面是為了使前一階段的品牌管理工作落到實處，另一方面，透過建立品牌識別系統，也可以使品牌建立後的定位和推廣工作有了內容和載體。

（一）飯店品牌視覺識別系統的設計

品牌識別系統的設計工作需要較高的專業素養，因此可以抽調飯店內品牌意識較強、並具有一定創新精神的人員配合專業公司共同開展品牌設計工作，形成規劃文案。

飯店品牌的視覺識別包括飯店品牌的標誌、名稱、標準字和標準色，以及它們在飯店的應用。

1.飯店品牌的名稱

品牌名稱是飯店在第一時間所傳達的訊息，對顧客來說也最直觀、最感性。在訊息爆炸的時代，一個好的品牌名稱必須簡單易記，最好與飯店品牌的某種特徵有一定的關係。一個沒有任何意義的名稱是無法在消費者心中留下深刻印象的。

2.飯店品牌的標誌

飯店品牌的標誌是品牌的名稱、圖案或二者的結合，是飯店品牌的象徵。標誌一經註冊就具有專用性和排他性，並受法律保護。標誌作為飯店品牌的識別符號必須能反映品牌個性，符合特定的品牌形象。經理人可以參照以下幾個標準判斷一個飯店標誌的好壞：標誌要有可識別性，使消費者能透過標誌認識品牌形象的獨特屬性，並與其他飯店品牌區別開來；飯店標誌要簡單醒目、富有感染力；飯店標誌要有美感，並能體現時代特徵。

3.飯店品牌的標準色

標準色廣泛應用於飯店的標誌、建築、室內裝飾、廣告和辦公用品等，因此，一般為一到三種顏色。如果標準色的顏色過多，容易給人造成眼花繚亂的感覺，而且不能使消費者產生信賴。一般來說，高檔、豪華型的飯店品牌多以冷色調為主，以顯示飯店品牌的莊重、優雅；中低檔品牌則顏色較明快，給人以親切感。關於中國外飯店品牌的標誌，我們可以參見第一章的一些圖示描述，體驗一下不同類型飯店品牌的標準色。

4.飯店品牌的標準字

與品牌名稱的設計相似，品牌標準字的設計也要體現飯店品牌的特徵，具有較強的識別效果。考慮到標準字在各種媒體上的使用頻率較高，標準字還應和其他的視覺識別要素相協調，並要確保沒有印刷和傳播上的困難。

（二）視覺識別系統的導入

只有規劃文案在牆上掛掛還是不夠的，漂亮的規劃只有付諸實施才能發揮它的魅力，這就是品牌的視覺識別系統在飯店中的導入。在品牌導入過程中，品牌戰略委員會要切實把制定好的規劃完整傳達給飯店的各個部門，並保證執行的一致性。

第三節 如何進行飯店品牌定位

一、品牌定位的概念

研究發現，在同一產品領域中，顧客能夠接受的品牌最多不超過七個。如何才能在眾多的競爭對手中使本飯店的品牌脫穎而出，被顧客所接受，成為顧客飯店品牌記憶中的七分之一？我們首先需要進行品牌定位。

我們知道，透過品牌管理不僅要形成有形的飯店標誌和品牌名稱，還要在顧客心中樹立品牌形象。品牌定位正是這樣一件工作，它要求我們以目標消費群為對象，透過樹立鮮明的品牌形象等方式影響他們對本飯店品牌的看法，從而在市場上樹立一個有別於競爭對手的飯店品牌，並且符合目標顧客需要的飯店形象。所以有人認為，「定位不在產品本身，而在顧客心底」。簡單來説，飯店的品牌定位就是透過設計一個獨特的飯店品牌，使其在目標市場的顧客心中占據一個獨特的位置。

對於飯店來説，品牌定位的必要性不僅體現在使本飯店的品牌更加與眾不同，還源於飯店市場需求和企業供應能力之間的懸殊。一家飯店不管規模多大，其資源相對於廣大的客源市場來説都是有限的，再加上需求的多樣性和可變性，任何一家飯店都不可能滿足所有的市場需求，於是就需要針對自己占優勢的目標市場進行品牌定位。因此，我們得宣稱自己的飯店是適合於某一部分顧客的，只要爭取到這部分顧客，我們的生存應該沒有問題了。

飯店的品牌定位是建立在飯店類型的基礎之上，並透過各種營銷組合的運用塑造品牌形象。目前，按照不同的分類標準，飯店有以下幾類：

1.根據設施和服務質量分類

（1）白金五星級飯店。

（2）五星級飯店。

（3）四星級飯店。

（4）三星級飯店。

（5）二星級飯店。

（6）一星級飯店。

（7）無星或未評分的飯店。

2.根據飯店的目標市場或飯店功能分類

（1）商務飯店：主要針對商務旅行者。

（2）渡假飯店：主要為滿足旅遊者的休閒和渡假需要，因此多接待團隊旅遊者。

（3）會議飯店：旨在舉辦大型會議會展，客源僅限於商務旅行者。

（4）機場飯店：交通便利，主要客源為商務旅行者，其次為休閒旅遊者。

3.根據服務類型分類

（1）豪華飯店：對應於五星級飯店和少部分的四星級飯店。客源主要是對價格不敏感、對服務和設施要求高的公司、政府和休閒旅遊者。麗思卡爾頓飯店和四季飯店是豪華飯店品牌的代表。

（2）高檔飯店：對應於四、五星級飯店。它們的服務水準比豪華飯店稍低，平均房價也低於豪華飯店。高檔飯店的傑出代表是喜來登飯店，它是全球旅遊市場最為有名的飯店品牌之一。

（3）中檔飯店：服務水準比高檔飯店稍低，服務設施也不及高檔飯店齊全，例如華美達、萬怡飯店和品質飯店等。

（4）經濟型飯店：對應於三星級以下的飯店。主要滿足追求實惠、對價格較敏感的中低端客人的需要。經濟型飯店以住宿設施為核心產品，而商務、會議和高檔餐飲等配套設施較少，價格適中，服務有限。

表2-1是精品國際飯店集團對其旗下的八個特許經營品牌的定位。我們可以看出，這八個品牌中，有五個明確標明了是「經濟型飯店」，但它們的具體定位又各不相同。另外，精品還有兩個中檔和一個高檔飯店品牌。

表2-1 精品國際飯店集團旗下的八個品牌及其定位

品　　　牌	定　　　位
斯利普酒店(Sleep Inn)	有限的服務，經濟型飯店
舒適酒店(Comfort Inn) 舒適套房(Comfort Suites)	高檔的經濟型飯店。前者為有限的服務設施飯店，後者為全套房飯店
品質飯店(Quality)	中檔價格，提供全方位服務的客棧及提供有限服務設施的全套房飯店
克拉麗奧酒店(Clarion)	高檔次飯店集團，全套房飯店集團，度假區和精品旅店

續表

品　　　牌	定　　　位
羅德維旅館(Rodeway Inn)	有限的以及全面的服務，價格相當高的經濟型飯店
伊克諾旅店(Econo Lodge)	有限的服務設施，中檔價格，經濟型飯店
MainStay Suites	中檔價格，面向較長時間居住的旅行者，設施齊全

*資料來源：〔美〕羅伯特·C·劉易斯著·郭淑梅譯，酒店市場營銷和管理案例（第2版），大連：大連理工大學出版社，2003年3月第1版，第151頁，有改動

　　精品國際飯店集團透過以上精細的定位，使各個品牌在顧客心中占據不同的位置，最好的結果應該是如表2-2所示：

表2-2 精品國際飯店的品牌定位

便宜	經濟	預算較高	中檔	高檔	豪華
	伊克諾旅店				
		羅德維旅館			
	住宿酒店				
		舒適酒店			
			舒適套房		
			MainStay Suites		
			品質		
					克拉麗奧酒店
平均房價：	35 $	45 $	65 $	85 $	100 $

*資料來源：〔美〕羅伯特·C·劉易斯著，郭淑梅譯·酒店市場營銷和管理案例（第2版），大連：大連理工大學出版社，2003年3月第1版，第156頁，

我們或許會發現這樣一個問題：精品國際飯店集團的上述定位對於企業來說是很清晰的。舒適、品質和口號等飯店之間互有交叉，而且飯店位置不同價格也會有所區別。但是，如果作為普通遊客的話，他如何能清楚地知道每一個品牌對自己的價值，又如何準確進行挑選呢？

為了彌補這種缺陷，精品國際飯店集團可以借助後期的品牌推廣對品牌定位進行有效的傳播，加深品牌形象和品牌個性對顧客的影響。艾爾·里斯（Al Ries）和傑克·特勞特（Jack Trout）曾經指出「定位並不是要你對產品做什麼事」。因為即使飯店具有很多共性，由於品牌傳播中的訴求點不同，所形成的品牌個性也會有所不同。下一章將著重介紹如何進行飯店品牌的推廣。

品牌定位比較成功的飯店品牌有萬豪、凱悅等。萬豪庭院客棧以「專為商務旅行者設計」作為定位宣言，選擇商務旅行者為目標市場，承諾為其提供優質、高效的服務。而凱悅客棧和四季客棧則樹立了高質量、相當奢華和有聲望的品牌形象。凱悅透過「感受凱悅」活動向顧客傳達了這一訊息；四季客棧則透過使用「沒有四季客棧不能滿足的要求」來強化它的高質量的品牌形象。

二、品牌定位的基本原則

每一個飯店的經理人都希望透過品牌定位樹立一個良好的品牌形象，但是如果使用錯誤的方式表現品牌，或者表現的力度不夠，在顧客感受方式的影響下，市場上表現出來的品牌形象也許與我們預期的品牌個性大相逕庭。因為不同的目標顧客，在不同的心態下和不同的環境中，看到同一品牌後所聯想到的品牌個性會有所不同。飯店經理人在進行品牌定位時應使顧客相信自己的飯店品牌不僅是獨一無二的，而且是出類拔萃的。

（一）創造清晰、明確的品牌形象

創造獨特性，使自己的品牌與競爭對手的品牌有明顯的區別，這無疑是任何產品或服務的品牌定位所應遵循的首要原則。它注重品牌的特點，讓顧客感覺產品的與眾不同或無與倫比，從而在市場中最先引起顧客的注意，在飯店業等服務

行業比較常用。希爾頓飯店公司已是世界公認的飯店業中的佼佼者，希爾頓的宗旨是「為我們的顧客提供最好的住宿和服務」，並廣泛宣傳其堅持不懈的高質量、高水準的服務。如今，希爾頓的品牌名稱已經成為「出色」的代名詞了。麗思卡爾頓提出的口號是「我們是為淑女和紳士服務的淑女和紳士」。這一口號在一片「顧客就是上帝」、「顧客至上」的呼聲中表現出了特立獨行的品牌個性——既充分尊重了員工，又突出強調了服務的個性化和人情味，與其豪華品牌的定位相得益彰。

這種策略可以使飯店品牌保持長久的盛名，也可能讓品牌的美名好景不長。如果能在早期進入市場，並有品牌個性，則可很快獲得可觀的市場份額。但是如果選擇的品牌特色被同行和新的市場進入者模仿，就會影響已有的市場份額，甚至導致品牌的衰落。隨著科技的進步，這種模仿的速度還在進一步加快。

（二）樹立良好的飯店信譽

有的飯店憑借強大的品牌推廣產品，就是用良好的品牌信譽為產品定位。例如2003年世界排名第二的飯店特許經營公司精品國際飯店集團（Choice Hotels International）最早起源於信譽良好的品質客棧（Quality Inn）連鎖集團，這是一家以中等價格和高質量服務著稱的飯店業先驅。1981年，隨著舒適客棧（Comfort Inns）的開設和發展，精品開始快速發展，在相繼收購了號角（Clarion）、路邊旅館（Rodeway Inn）和經濟旅館（Econo Lodge）之後，精品又對住宿客棧（Sleep Inn）和MainStay Suites進行了革命性的改造，使自身的業務範圍得到全面拓展，從經濟型消費到高消費，從基本服務到高檔次的娛樂享受，各種服務無所不包，能夠滿足社會各階層人士的需要。推行這種戰略的飯店，其主導品牌得到了市場廣泛的認可，從而增加了潛在的市場競爭者的進入壁壘。在飯店集團中實行基於飯店信譽的品牌定位戰略，可以透過一兩個優秀的個體飯店或飯店品牌讓新的飯店或品牌獲得很高的市場地位。

一個著名的品牌可以跨越不同的市場界限，在不同的行業範圍內享有盛名，例如雅高集團旗下的雅高飯店和雅高服務兩個業務的互補。但是如果飯店形象管理不當，就會產生連鎖反應，使以飯店信譽和主導品牌為基礎的個體飯店或品牌

岌岌可危。

（三）定位應取得顧客的認可

飯店在深入瞭解其目標消費群的需求後，才能夠有效地把飯店品牌定位於不同的消費群體，有利於品牌順利進入並維護客戶市場，建立密切的客戶關係。在需求廣泛的中低檔飯店市場，顧客的需求又存在細微的差別，這樣的市場環境更需要飯店的品牌定位獲得顧客的認可，以成功推出相應的經濟型飯店品牌。

品牌的差別化能夠向足夠數量的顧客讓渡更多的價值，讓他們覺得物有所值。事實上，有些飯店的品牌定位就顯得脫離顧客了。例如新加坡的威斯汀‧史丹福客棧（Westin Stamford）對外宣稱自己是世界上最高的飯店，以此為訴求點究竟有沒有意義呢？如果我們作為顧客的話，會對飯店建築體的高低感興趣嗎？來自世界各地的旅行者可能都會對飯店的舒適程度、價格和可靠性表現出更多的關注。畢竟，不管飯店的類型如何多變，服務項目如何豐富，其本質仍是提供食宿，至於一家飯店是不是全球最高的，就交給世界吉尼斯去查好了。

另外，「羊毛出在羊身上」，飯店因為品牌定位所帶來的成本增加部分最終會反映在價格上，顧客能不能承受價格的變化也是經理人在品牌定位時應當考慮的問題。

取得顧客的認可在很大程度上依賴於精確的市場細分和市場調研，而且顧客的需求和市場範圍總是在不斷變化。飯店如果不瞭解市場結構和市場機制，又不能緊跟顧客的需求和慾望，品牌定位就很可能失效。

（四）品牌定位能為飯店帶來盈利

品牌不是為了定位而定位的，有效的品牌定位應該使飯店獲得更多的利益，包括飯店利潤增加、市場占有率提高、忠實客戶增多等。美國的Budget Motels（經濟汽車旅館）成功的市場定位對我們很有借鑑意義。1960年代，該飯店品牌針對中低端市場的需求，取消了飯店的會議室、宴會廳和名目繁多但利用率低的娛樂休閒設施，只提供舒適、衛生且廉價的客房。這一定位對中低端顧客具有很強的吸引力，並迅速使Budget Motels品牌贏得了目標顧客的信任。20世紀末以

來，中國旅遊的興起促進了中國中低端住宿市場的發育，這一市場正是四、五星級飯店所捨棄的，而一些中小飯店卻往往不屑於做中低端市場，對最適合自己經濟實力的市場棄而不顧，反而透過追加投資、設備更新或增加等希望提升本品牌的檔次，與高檔飯店品牌競爭。用自己的弱勢與別人的強勢競爭，這種定位顯然無法使中小飯店獲得最大的利益。

三、飯店品牌定位的方法

對飯店品牌的定位其實是在市場上尋找一個「賣點」，並且讓顧客相信，本品牌的特點是別的飯店品牌所沒有的。

（一）根據產品的具體屬性及其能滿足的需要定位

這種定位就像用放大鏡把我們的產品屬性展示給顧客，加強他們對該屬性的認知。如Motel 6專注於低價位，希爾頓則強調自己優越的地理位置。

（二）針對競爭對手的定位

飯店品牌也可以定位於競爭對手所沒有的屬性或利益。這是一種常見的定位方法，透過對比強烈的廣告宣傳更可以加深客人對本品牌的印象。在這方面做的比較成功的有寶潔公司的品牌定位。以寶潔在中國市場的三個洗髮精品牌為例，在寶潔進入中國之前，中國人對洗髮的關注可能只是限於「洗乾淨就行了」。然而，寶潔在中國首次推出的洗髮精品牌「海飛絲」打出了「頭屑去無蹤，秀髮更出眾」的廣告語，在顧客心中樹立起「去頭屑」的品牌定位。這種定位是當時中國的洗髮精生產廠商所沒有的，又迎合了人們急需解決的頭髮問題，因此首戰告捷。後來的「飄柔」則定位於「令頭髮飄逸柔順」，「潘婷」定位於「使頭髮健康、亮澤」，三個品牌各得其所，互不干擾。

（三）根據顧客的渴望定位

渴望定位的方法在與生活方式有關的飯店市場中非常流行。它的兩個基本要素是身分地位與威望（與財富成就相關）和自我改善（與非財富成就相關），二者都源於人們自我表現的渴望。大多數人都需要以某種方式表現自己，飯店品牌，尤其是高檔飯店品牌可以幫助人們實現這種自我表現的慾望，依託飯店品牌

展示顧客的經濟實力和個人成就。然而，高檔以上目標消費群的人口基數較少，如何在有限的市場容量中透過服務的高附加值等因素實現盈利也是經理人應該考慮的問題。

（四）根據飯店品牌能提供的價值定位

價值定位不僅與顧客支付的價錢有關，還包括兩個基本要素。首先是性價比——飯店能提供給顧客的價值與價格相符，例如中國的經濟型飯店品牌「如家」就把客人對食宿的基本需求和適當的價格契合得很好。其次是情感價值——顧客和品牌之間的情感紐帶。後者的重點是價值而非價格，但是如果過於重視價格就會導致產品中心論，不宜於打造知名品牌，獲得更高的品牌溢價。

（五）情感定位

情感定位能單獨使用，但更常用的方式是和其他策略結合使用，以增強其效果和作用。長久以來，飯店經營者都把「客人就是上帝」尊為首要的經營理念。然而一位旅行者在長途奔波後更需要的是一種家庭的溫馨。如家的品牌定位「家外之家」就很好地抓住了這一點，它的口號「潔淨似月，溫馨如家」就具有很強的親和力，它的設施、服務等都緊緊圍繞「家」這一情感定位。

（六）個性定位

品牌個性是品牌標誌的核心部分。有些飯店打造了與眾不同的品牌個性，但是如果其細分市場未能感知這些個性，那麼其影響就微不足道。在某種程度上，品牌定位就是向目標顧客展示品牌的核心價值。如果顧客對該品牌反映積極，再輔以其他戰略組合將會占領可觀的市場份額，獲得很高的忠誠度，實現巨額利潤，並長期保持競爭優勢。這種戰略需要對目標顧客有真實的瞭解並投入大量資金，確保顧客在任何場合都能對品牌個性有一致的感受。

（七）只爭第一

第一品牌是整個市場的領導者，即使服務質量、設施設備與其他飯店沒有太大區別，冠上「第一」、「專家」的品牌也能產生奇蹟，使飯店與眾不同。例如，安達信（Anderson）是一家諮詢公司，它也是第一家定位於技術專家的企

業。這種戰略可以使飯店作為市場領導者的地位被顧客廣泛接受，如能不斷創新，則這一地位可以長期保持。但是如果品牌處於不斷創新的過程中，就必須時刻站在最前沿，還需要投入大量資金進行市場調查和產品開發。

四、飯店品牌定位的基本步驟

飯店品牌定位的主要目的是讓顧客把本品牌與其他飯店品牌，尤其是競爭性飯店品牌區分開來。為了達到這一目的，通常需實施以下一些基本步驟。

（一）深入瞭解細分市場

在進行品牌定位之前，需要對市場狀況、競爭對手的情況做出準確而清晰的判斷。

1.市場狀況

對市場狀況的調查包括：中國飯店市場近年來的增長速度是多少？當地區域域的又是怎樣？飯店市場中哪個細分市場的增長比較快？是否還存在目前空缺又有增長潛力的細分市場？本飯店是否具備在該細分市場發展的條件？

關於市場狀況，我們基本上可以透過對國家或地區公開發布的一系列統計數據的收集和整理來獲得。而且有些研究機構或大專院校可能已經做過了相關的調查研究，可以使用他們公開發表的研究成果。

2.競爭對手

對競爭對手的調查包括：對於將要建立的品牌而言，誰是主要競爭者？他們對哪些細分市場感興趣？

對競爭對手的分析可能相對難一些。競爭性的飯店品牌往往與擬創建的新品牌具有相同或相似的地理位置、星級、客戶群和價格等。在現實中，有的飯店經理人單純以飯店星級或服務範圍為根據，把具有相同星級或服務項目的飯店都列為競爭對手，這種分法顯然「樹敵過多」，擴大了競爭對手的範圍。同是五星級飯店，一個品牌以旅遊團隊為主要客源，另一個則以商務散客市場為目標市場，這兩個飯店品牌顯然還構不成競爭關係。

判斷兩個飯店品牌是不是競爭對手有一個比較簡單易行的辦法：對自身品牌的客房、餐飲或娛樂設施進行降價促銷，看對方品牌的客人有沒有被吸引過來。如果有，則說明兩家的品牌在相似的市場上競爭，或者說雙方的細分市場有重合的區域。

僅僅知道誰是競爭對手是不夠的，還需要進一步透過多種渠道瞭解競爭對手的品牌訊息。如果是一個較為成熟的品牌，那麼它的品牌特徵、價格、質量等方面的訊息應該已經比較公開化了。透過該品牌的廣告、促銷等市場行為能夠大致判斷出來其基本情況。對於更詳盡的訊息，則可以透過調查顧客，或進行實地消費和觀察來獲得。

（二）根據本飯店的競爭優勢確定目標市場

透過對市場狀況和競爭對手的調查，可以找到市場機會和本飯店優勢的一個契合點，它是我們進行品牌定位的主要基礎。有時我們會發現本品牌具有多種競爭優勢，這些優勢不一定要全部用於定位，應該選擇最適合本品牌的優勢。因為顧客的訊息獲取量是有限的，傳遞太多的訊息會使他們無所適從，反而難以對品牌產生深刻的印象，嚴重時還會對飯店品牌產生不信任感。

（三）監控品牌，進行再定位

品牌定位的最後一步非常重要，即使是一次卓有成效的定位也不可能是一勞永逸的，隨著時間的推移，市場情況會有所改變，使原來的品牌定位變得過時；競爭對手或許會推出新的、更有優勢的品牌，使自己原來具有的獨特性定位變得普通，甚至庸俗不堪；有些顧客的偏好和認知發生了變化，原先的品牌定位已經不再受歡迎……作為飯店經理人，要保持敏銳的職業嗅覺，及時發現這些市場變化，並盡快調整產品、品牌的傳播方式，甚至對飯店的品牌定位做出調整或進行重新定位。

監控品牌形象和定位意味著經常重複以上提到的每個步驟，否則就會存在與市場脫節的危險，更重要的是，可能難以瞭解到顧客對品牌的感覺和認知。塑造品牌形象是一個持續的過程，需要各個方面持續的回饋訊息。此時沒有自滿的餘地，因為很多企業都是從漠視顧客的需求走向衰亡的。品牌形象是脆弱而敏感的

東西，需要呵護和關心。品牌形象僅僅是一種思維和感覺，只能短暫地占據人們的頭腦。如果品牌形象不能經常得到強化和改進，就會失去其重要性，並被其他更強大的品牌形象所取代。透過品牌定位可以塑造出強大的品牌形象，品牌定位管理必須十分謹慎以維持品牌形象。

品牌在再定位時還應盡量避免盲目調整所帶來的不可挽回的損失，需要謹慎考慮，轉換品牌定位的成本有多少，再定位後能不能獲得足夠的收益。

案例2-2

萬麗的品牌定位

飯店集團在併購的過程中，會出現併購品牌與飯店已有品牌相牴觸的情況。面對這種困境，需要對飯店品牌的定位進行調整。下面的案例介紹了萬豪國際飯店對萬麗的品牌定位。

1997年，萬豪國際連鎖酒店斥資9.47億美元收購了114家萬麗（Renaissance）酒店，問題隨之而來。萬麗集團是個中等企業，旗下飯店有大有小。萬麗這一新品牌的加盟不僅讓顧客和經銷商困惑不已，就連萬豪自己也不知所措。接管萬麗後，萬豪的經營者過多地關注了萬麗的盈利狀況，而忽視了品牌問題。萬麗酒店沒有明確統一的品牌標誌，服務標準差別很大，由於品牌不一致導致的市場混亂影響了公司的穩定與發展。這一問題直接導致了萬豪銷售額的下降，對萬麗品牌的重新定位成為實現公司品牌持續發展的關鍵問題。

萬豪副總裁杰根‧吉斯伯特（Jurgen Giesbert）負責萬麗品牌問題的解決，他說：「當我們收購萬麗時，沒人知道該拿這個品牌怎麼辦，但是萬豪卻是一個明確的品牌，每個人都知道這是什麼樣的品牌。」面對危機，萬豪採取了有效的措施。首先，公司從耐克招聘了一名品牌經理，負責公司的品牌管理事務。然後從比佛利山莊（Beverly Hills）請來了設計師，這位設計師尤其擅長設計有特色的個體飯店，並深諳萬麗酒店所處的市場環境。之後公司用兩年時間進行了定性的市場調查分析，全面瞭解細分市場的情況，掌握顧客的心態和感受，以期能夠

重新獲得顧客的青睞。這個過程最終重新定位了萬麗品牌：「給我一個驚喜！」新定位更注重萬麗的「獨特風格」，為這些渴望與眾不同的顧客提供獨特的體驗。萬豪國際的總裁Bill　Marriott表示，酒店接待過的顧客中，有30%認為最吸引他們入住的因素是品牌體驗中的驚喜，其中包括厭煩常規的顧客。

　　萬豪透過品牌定位為萬麗找到了一個細分市場，使其進入了新的競爭領域，從而避免了公司內部的自相殘殺。

　　*資料來源：選自〔新加坡〕Paul　Temporal著，高靖，劉銀娜譯，高級品牌管理——實務及案例分析.北京：清華大學出版社，2004年1月第1版，第91頁，有改動

第三章 如何推廣飯店品牌

導讀

　　飯店品牌的創建只是品牌管理的第一步，接下來就需要透過各種途徑向外傳播品牌，讓市場瞭解並接受該品牌，讓品牌接受市場的考驗。這關係到品牌的生存問題。本章探討如何運用廣告、促銷和公共關係等方式推廣品牌。第一節探討廣告的種類及其對飯店品牌推廣的作用，並提出利用廣告推廣品牌的具體步驟。第二節探討促銷的工具和制定促銷方案的步驟。第三節探討公共關係的類型、作用和推廣的過程。

第一節 如何利用廣告推廣品牌

　　不同規模的飯店有不同的廣告管理辦法。一家個體中小飯店的經理人往往親自處理飯店品牌的廣告推廣業務。而大多數飯店聯名則可能有專門的管理人員或管理機構負責中國全國或世界範圍內的品牌推廣工作，並根據地區差異程度適當下放權限到各個地區。在有些飯店裡，市場部的部門經理負責廣告推廣業務，還有一些飯店可能會在特定的時期單獨設立廣告部。

　　一般情況下，宣傳飯店品牌的廣告多是由專業的廣告公司負責製作並實施的，但這並不意味著飯店經理人把廣告交給廣告公司後，從此就可以撒手不管了。廣告公司雖然是廣告方面的專家，但是對飯店業的情況不一定很熟悉，在品牌推廣的全過程中，還需要飯店派出人員全程參與，配合廣告公司的工作。飯店經理人則要在品牌的廣告推廣中扮演監督者和決策者的角色。

　　一、廣告對飯店品牌的作用

廣告作為一種重要而常見的營銷工具，受到了人們的普遍關注。無論是對於旨在吸引北京市民的農家樂旅館，還是在全球範圍內宣傳新品牌的洲際飯店集團，廣告都是一個不可或缺的品牌推廣方式。

飯店可以利用某種廣告宣傳媒介，如電視、廣播、報刊等，向飯店品牌的目標消費群體進行推銷。在飯店品牌的推廣過程中，廣告主要發揮以下作用。

（一）樹立品牌形象

在飯店供給規模不斷擴大的市場環境中，如果飯店甘心守著自己認為的好品牌等待顧客光臨，就應當有心理準備面對品牌的隕落。廣告的首要功能就是宣傳品牌的優勢。飯店可以透過廣告把自身品牌的特點、對顧客的益處等訊息大量傳送給顧客，使更多的顧客對飯店品牌產生信任感，並在顧客心中初步樹立起良好品牌形象。品牌形象的長期累積會形成飯店巨大的無形資產。

（二）刺激消費需求

新創立的飯店品牌常常會使用一些介紹性的廣告，刺激顧客的購買慾望。如展示金碧輝煌的大廳、整潔溫馨的客房、色香味俱全的美味佳餚等。

（三）應對競爭的需要

有時，廣告只是為了抵消競爭性飯店品牌的廣告、促銷等活動對本品牌的負面影響。

（四）提高市場占有率

廣告對品牌的廣泛傳播可以擴大飯店的銷售範圍，有利於占領更大的市場，從而為飯店以後的品牌擴張、品牌延伸等品牌運營活動奠定充分的市場基礎。從這個意義上講，飯店品牌的廣告推廣更具備戰略性作用。

二、廣告的種類

廣告推廣活動可以使飯店品牌獲益頗豐，但是對廣告的選擇也應該慎重，並不是每一種廣告都能給飯店品牌帶來預期的效果。按照媒體類型的不同，廣告可以分為以下幾類。

（一）報紙廣告

報紙廣告具有靈活、及時、製作簡單、可信度強，在當地市場的涵蓋面廣等優點。但是報紙的特性也決定了報紙廣告的一些侷限性。例如，不夠生動、缺乏吸引力、極少能保存、傳閱者較少等。中國大多數的飯店在做廣告時多選擇China Daily（《中國日報》）等強勢媒體。

（二）雜誌廣告

在一些商業性、新聞性的雜誌上，我們會經常看到飯店的廣告，如《中國新聞週刊》。每一種雜誌都有特定的讀者群，並且可以調整不同區域的廣告發布。因此，選擇雜誌做廣告具有針對性強，區域、讀者的可選性強，具有一定的權威性，易於保存，傳閱者多等。但是雜誌廣告版位一般要提前很長時間購買，使得廣告發布的靈活性受到限制。

（三）戶外廣告

戶外廣告是在道路指示牌、建築物或交通工具等外觀上進行宣傳的一種廣告方式。戶外廣告比較靈活，展露時間長，費用也較低。但是如果飯店採用這種廣告方式進行品牌推廣的話，就無法更精確地選擇目標消費群。例如，如果假日飯店集團在一些交通要道處的路牌上寫上「假日飯店」的品牌廣告，它實際上是無法清楚地知道到底這個廣告達到了什麼效果，因為經過這條道路的潛在受眾太多了。

（四）電台廣告

電台是一種大眾化的宣傳媒介，對地理和人口等方面的選擇性也較強，費用較低，但是不易保存，對聽眾的吸引力也不如電視或報刊直接。但是現實中也不乏成功的案例。6號汽車旅館（Motel 6）從1986年開始一直使用廣播電台做廣告，並挑選了聽眾喜愛的播音員湯姆·博迪特（Tom Bodett）作為其發言人。該旅館首創的「電台行動」使其在第一年就擺脫了中國全國競爭激烈的困境，不僅扭轉了持續五年以來的入住率下降的勢頭，而且有效地把品牌知名度在不到兩個月的時間內從10%提高到60%，隨後連續三年都有高額的利潤增長。更重要的

是，該行動已成功地把品牌形象根植於廣大顧客頭腦中。直至今天，播音員平淡睿智、憨言可信的語音形象與「我們為你留著燈」這句廣告詞，仍讓許多駕車旅行者確信：6號汽車旅館關心客人——不管你開車多晚，6號汽車旅館就像家人一樣在那裡等著你。

（五）電視廣告

電視廣告對受眾的視覺和聽覺有雙重的衝擊，具有涵蓋面廣、形象生動、感染力強等優點。但是在電視上做廣告成本高，難以長時間保存，對廣告對象也缺乏選擇性。從中國的情況看，透過電視廣告推廣飯店品牌的案例較少。假日快捷客棧透過電視廣告宣傳了選擇該品牌是一種「明智的逗留」，把假日快捷客棧塑造成與眾不同的品牌形象，使消費後的客人感到心理上的滿足。

（六）直接郵寄廣告

我們也可以把飯店品牌的宣傳冊、明信片等透過郵寄的方式發給潛在的客人或組織，向他們介紹飯店品牌的特點，歡迎他們使用飯店的設施和服務。直郵的方式成本低，易於與顧客進行情感溝通，並可以事先對受眾進行選擇，但容易引起顧客的反感。對於新創建的品牌來說，我們無法向老品牌那樣積累了大量的客戶訊息，可以從中挑選郵寄對象，為此，不宜採用直接郵寄廣告的方式宣傳品牌。

（七）網路廣告

面對發展迅速的網路媒體，飯店在開展品牌推廣時當然不能無動於衷。我們可以為品牌建立獨立的網站或宣傳網頁，並與旅遊類網站或相關網站建立連結；也可以直接在這些網站上做廣告，但是有調查表明，這種方法並不受網友歡迎，點擊率也不夠理想。

相對其他媒體，網路具有很大的革新性，網路廣告可以透過技術手段實現對受眾的高度選擇，並且能進行飯店和顧客之間的互動，這是其他媒體所不能及的。

按照廣告輻射對象的不同，飯店的廣告還可以分為顧客廣告和貿易廣告兩

類。前者是向飯店的顧客和潛在顧客做廣告；後者的對像是影響客戶購買決策的旅遊仲介，例如傳統的旅行社，以及新出現的網路旅行代理商（如攜程旅行網、e龍網等）。1997年，地中海俱樂部在一家旅遊貿易雜誌上做了一個貿易廣告，其主題是「本廣告與其他渡假廣告有別，並且，地中海俱樂部的渡假與其他的渡假也迥然不同」，在廣告文案的設計上也盡力使旅行代理商相信，地中海俱樂部的渡假真的很有特色。

三、利用廣告推廣飯店品牌的步驟

（一）確定廣告目標

飯店經理人需要首先明確目前將要進行的廣告推廣活動要向目標受眾傳遞什麼訊息，顧客對這些訊息的瞭解程度怎樣。例如，一個渡假飯店品牌A可以把廣告目標定為：在某地區接待的100萬名渡假旅遊者中，認識到A品牌為渡假飯店品牌，並相信能得到它所提供優質服務的人數，在一年中從10%上升到20%。

根據目的的不同，廣告可以分為通知性廣告、說服性廣告和提醒性廣告。

1.通知性廣告

通知性廣告主要用於飯店品牌的開拓階段，目的在於構建基本的需求市場。斯多夫飯店集團（Stouffer　Hotels）曾經在商務旅行週刊上刊登了兩頁廣告，介紹它新的會議飯店品牌斯多夫中央廣場飯店（Stouffer Concourse Hotels），因此我們可以判斷，該品牌推廣的目標定為公司的會議策劃人，向他們介紹飯店的會議設施和其他方面的訊息。

2.說服性廣告

在品牌走上正軌，進入競爭階段時，我們就要採用說服性廣告了。這類廣告的目的在於培育專門的需求。有些飯店的說服性廣告具有很強的針對性，把自己的品牌直接與另一種或幾種品牌進行比較。例如，1992　　年，華美達客棧（Ramada Inns）斥資600萬美元啟動了一場廣告運動，主題為「走出假日旅館，走進華美達客棧」，咄咄逼人的氣勢直指假日旅館，暗示華美達客棧比假日旅館更實惠。實際上，最初離開假日旅館到華美達客棧消費的客人可以享受5美元的

折扣。華美達當時的母公司——接待業特許經營系統（Hospitality　Franchise Systems）的副總裁一語道破天機：「你不得不從別人那裡爭奪市場份額。經濟正處於低谷時期，你不得不更具有攻擊性。」如果飯店的品牌已經取得了較高的市場占有率或較好的聲譽，這時就不應該採用這類針對性的廣告，因為這樣會使顧客更加關注我們的競爭對手，先前的努力最終成了「為他人作嫁」；而對於新推出的品牌來說，則可以在廣告中突出某些優於市場領導者的品牌特點。

3.提醒性廣告

如果飯店品牌已經進入了成熟期，為了不使顧客遺忘，應該採用提示性廣告，讓現有的顧客相信他們的消費決定是正確的，並提醒他們再次光臨。假日快捷飯店的「明智的逗留」電視廣告系列也是一種提醒性廣告，它使消費後的客人感到心理上的滿足，從而引發再度消費的可能。

不管是哪一種廣告，都不能太過於偏離現實，使顧客失望。常見的一個錯誤是，經理人在尚未對員工做好培訓、運行機制還未步入正軌時，就開始大做廣告。人們的好奇心總會使這些廣告在短期內很奏效，當顧客蜂擁而至卻遭遇劣質的產品和冷淡的服務後，他們就會把自己的不滿講述給潛在的顧客，這種可怕的口碑效應足以導致一個新品牌的死亡。正如一位接待業營銷公司的總裁所說：「一個低劣的企業實施一個有效的廣告策略是使其冒險的最快方式。你必須保證你所擁有的是無愧於廣告中做出的承諾。如果你所擁有的產品、服務與宣傳的不一致，那麼你在廣告及其附加項目上所花的錢將一點作用也不起，只會增加不滿意顧客的數量。」

（二）選擇廣告公司

在飯店業中，大部分大中型飯店都委託外面的廣告公司設計甚至推廣飯店的廣告，選擇廣告公司時應重點考察該公司是否對飯店品牌有足夠的認識，是否能夠把握品牌的核心和靈魂。工作效率和信譽也是挑選廣告公司時應重點考慮的問題。

（三）編製廣告預算

在廣告目標確定後，經理人應該知道廣告支出是否適當。如果支出過低，就達不到預期的廣告效果；如果支出過高，企業將承受更大的財務壓力，而且廣告效果也不見得與廣告費用成正比。廣告預算的編製要考慮以下幾個因素。

1.品牌的生命週期

建立新品牌要比維護老品牌耗費更多的廣告費用。新的飯店品牌需要大量廣告費來建立市場知名度，鼓勵客人前來消費。在擁有了相當數量的忠實顧客後，飯店應轉向保證老顧客和吸引新顧客上。之後，飯店品牌會得到積極的口碑宣傳。

2.市場基礎

市場占有率低的飯店品牌在廣告推廣方面要投入更多的資源，旨在爭奪市場份額的廣告成本也會比較高。

3.競爭與干擾

在競爭者多、廣告支出普遍高的市場中，一個新品牌必須大力宣揚才有可能為人所知。綜觀中國的飯店市場，新的飯店雖然層出不窮，但是廣告宣傳的力度和效果與日用品行業、家電業、汽車業等行業的廣告投入相比較而言還相去甚遠，如果能夠抓住這一良機推廣飯店品牌，一定能取得事半功倍的效果。

4.廣告頻率

把飯店品牌的訊息重複傳達給顧客的次數越多，廣告預算也就越高；反之，廣告預算越少。

5.品牌的替代性

如果在細分市場中（如經濟型飯店、商務飯店等）存在大量具有替代性的競爭品牌，就需要靠大量的廣告樹立有差別的品牌形象。

在此還要注意一個財務問題。廣告並不能取得立竿見影的效果，需要長期堅持才可發揮作用，品牌廣告費用中的一部分構成了品牌價值等無形資產的投資。儘管如此，在公司財務上，廣告費用仍然需要在當年全部攤銷，而不能分攤在廣

告發揮作用的未來的幾年裡。

（四）確定廣告訊息

巨額廣告預算還不足以成就一個好的廣告，兩個品牌花同樣多的錢去做廣告，效果可能大不一樣，就像是我們無法在同一棵樹上找出兩片一模一樣的葉子。顧客並不關心飯店究竟花了多少廣告預算來討好他們，他們只接受那些能引人注意、能打動他們的廣告。因此，為了取得客人的持續關注，廣告訊息應富有創造性和想像力。通常，一個有創意的廣告需要經過以下三個階段的決策。

1.廣告訊息的產生

對於服務企業來說，所有的飯店都會面臨這樣的困惑：飯店的服務只有在客人消費時或之後才會被客人體驗到，在這之前我們該如何與顧客溝通？飯店產品的無形性對廣告訊息的創意提出了一個不小的挑戰，正如《康奈爾季刊》的主編所指出的，「廣告可以描述一種有形產品——食物、桌子和健身器，但它怎樣描述一個飯店的服務呢？」

與客人、專家和競爭對手的交談往往成為廣告訊息的重要來源，顧客對現有品牌的偏好甚至抱怨是廣告創意的直接素材。這一階段的任務大多是廣告公司的工作，飯店經理人只需要在必要時提供品牌的相關資料，或為其工作創造便利就基本可以了。

2.廣告訊息的評價

經理人可以以三個標準評價廣告的吸引力：廣告訊息是有價值的，向顧客提供的利益正是他們所要的或感興趣的；廣告訊息是否有特色，能否顯示出與眾不同，能否在諸多競爭性品牌中脫穎而出；廣告訊息是否有可信度。大多數顧客都對廣告訊息的真實性表示懷疑，如果我們以顧客的眼光審視各種廣告的話，也會對其中誇大其詞的部分嗤之以鼻。

3.廣告訊息的實現

廣告的效果不僅取決於它在訊息中說什麼，更重要的是怎麼說，只有透過某種方式喚起目標市場對飯店品牌的關注才算達到了廣告推廣的目的。人們通常會

透過一定的形式、語調、措辭和版型來表達廣告訊息。

（1）形式

飯店品牌的廣告訊息可以有不同的表達形式，如某個生活片段，特定的生活方式，引人入勝的幻境、音樂，形象代言人等。其中，幻境手法經常出現在渡假飯店的品牌推廣中。迪士尼公司在其所屬飯店的推廣中首次使用了幻境，此後，這種形式受到了凱悅飯店、威斯汀飯店和渡假地集團等飯店企業的一致追捧。

（2）語調

每一個飯店品牌在進行推廣時都應該以連貫一致的語調出現，以加深客人的印象。對語調的選擇與飯店品牌的種類有關，高檔以上品牌往往希望給人以穩重的印象，例如，凱悅總是在廣告中以肯定的語調描述品牌最好的方面，而不使用幽默詼諧的口氣，以免轉移人們的注意力。相反，經濟型品牌則著重以親切感拉近與客人的距離，6號汽車旅館（Motel 6）和紅屋頂客棧（Red Roof Inns）在廣告中就極盡幽默之能事。

（3）措辭

廣告的措辭還應該令人耳目一新且便於記憶。例如，紅屋頂客棧要表達的廣告主題是「紅屋頂客棧提供最便宜的住宿」，如果直接表達出來則過於直白、平淡，改成「最便宜的旅館是紅屋頂」則要生動得多。更經典的案例是愛維斯租車公司的廣告語。這家租車公司曾經是業內的市場追隨者，為了迎頭趕上市場領導者，它首先在廣告中坦言「我們僅處於行業中的第二位」，隨後轉向「我們要加倍努力，除此別無他法」。因此留下了誠實可信的印象，其實，它的潛臺詞是「我們沒有那麼多車可供出租，所以我們必須為客人提供更多別的東西」。

（4）版式

對於平面廣告來說，版面、色彩和插圖等版式要素的巧妙組合會帶來意想不到的視覺衝擊力。

作為經理人，還要具備強烈的社會責任感，保證所做的廣告沒有違背社會道德和法律準則。

（五）選擇廣告媒體

廣告推廣活動的第五步是選擇廣告媒體。經理人需要決定廣告的涵蓋面、播出頻率，選擇媒體類型和具體的媒介工具，並確定廣告時間。

1.決定廣告的效果

廣告的涵蓋面和播出頻率決定了廣告播出後的影響，進而決定了目標受眾對廣告的知曉程度，這對剛剛推向市場的飯店品牌來說尤其重要，一般應儘可能多地「露臉」。廣告的涵蓋面是在特定時間內接觸到廣告的目標顧客的比率。頻率是目標市場中每個顧客見到廣告的平均次數。一般來說，廣告的涵蓋面越廣，播出頻率越高，廣告的效果就越好，當然廣告費也會越高。

2.選擇媒體類型

經理人在選擇媒體類型時要考慮以下因素。

第一，目標顧客對媒體的習慣選擇。對於青少年來說，廣播和電視都是不錯的廣告媒體；對於商務旅行者來說，商業類的報紙雜誌可能會比較有效。

第二，產品。飯店產品本身就是無形的服務，所以在廣告推廣時應盡量使之變得生動、可視、可感。例如渡假飯店品牌的平面廣告用彩色圖片最好。

第三，廣告訊息。如果廣告中包含了豐富、詳細的品牌訊息，選用專業性雜誌或直郵的方式會比較好。如果廣告訊息比較簡單明瞭，則可以使用電視、報紙等傳播比較快的媒體。

此外，費用的問題也難以迴避，電視廣告最為昂貴，央視的廣告更是動輒上百萬，報紙相對便宜。但這只是總體概念，最後要看的是廣告分攤到每千名接觸到廣告的顧客的平均成本是多少。

3.選擇具體的媒體工具

在同一媒體類型中，還要接著選擇具體的媒體工具。即使同在央視，《新聞聯播》和《午夜劇場》的觀眾、廣告費用也是不同的，經理人需要在廣告的媒介費用和廣告效果之間找到對本飯店品牌來說最佳的均衡點。

4.確定廣告時間

大多數的飯店經營都有很強的季節性。只有充分瞭解客源地和客人提前預訂的時間，才能安排最佳的廣告時間。例如，假設北京的遊客在11月份就預訂了春節期間到海南的渡假，而海南的飯店在12月才開始做廣告，顯然不會有理想的效果。

關於媒體的影響力和成本問題，經理人需要保持經常性的關注，各種媒體的效果可能會發生變化。長期以來，電視一直在諸多媒體中獨占鰲頭，但是由於商業廣告的增加，電視廣告的宣傳效果也在下降。並且，隨著科技的發展，不斷有新的媒體出現，如有線電視、網路和數位電視等等。

實際上，飯店大多不會僅在一種媒體上做廣告。麗思卡爾頓的一位管理人員直言：「我們不在電視、電台上做廣告，只做有限的印刷廣告。」實際上，他們作了大量的有針對性的直接郵寄，並有選擇地在雜誌上做廣告，包括自己的雜誌，並且還開闢了網際網路。

（六）廣告評估

以上幾個階段似乎完成了飯店品牌推廣的全過程，但是在廣告做完後就棄之不顧還不是成熟的品牌推廣，經理人在最後還要關注對廣告效果的評估。較普遍的情況是，大部分的錢支付給了廣告公司，直到廣告播出（刊登）後才根據入住率、營業收入等指標來衡量這個廣告是否物有所值。其實，完全可以先在一個地區測試廣告活動的效果，如果失敗了還可以改進或推翻重來；如果效果較理想再推廣到更大的範圍。這樣可以節省廣告費用，並降低風險。

案例3-1

假日快捷的廣告推廣

成功的廣告善於抓住顧客的心理，以情感取勝。假日快捷客棧的「明智的逗留」系列廣告就透過有效的廣告策劃，在品牌形象和顧客之間聯起了情感紐帶。

廣告能給你令人驚喜的成效，也能給你帶來巨大的浪費。成功的策劃超越那些相對理性顧客和飯店有形的設施，而在更高的層次上以情感推廣品牌，使品牌形象成為與感性顧客緊密相連的情感紐帶。

假日快捷客棧（Holiday Inn Express）是中等飯店中發展最快的品牌，自1998年開展了「明智的逗留」（Stay Smart）的活動以來，許多系列的電視廣告都被用來強調：顧客在選擇品牌時要「明智」（Smart）。這樣的宣傳活動使顧客把假日快捷客棧與其服務特徵聯在一起，同時感覺自己的決定是「明智的」，而這些都不用親眼去看看飯店再做決定。

現實證明了「明智的逗留」活動的成功——1999年達到收入10億美元的目標，比計劃提前一年完成；在不到兩年的時間裡品牌知名度上升23%　；有關電視廣告在1999 年獲美國市場協會艾菲（EFFIE）銅獎，2000 年獲銀獎，2001年獲金獎，該獎是中國全國獎勵那些有開拓精神並取得創造性成果的唯一大獎。

最近假日快捷客棧所做的一些「明智的逗留」的電視廣告有「Kiss」、「Meltdown」、「A5 Virus」和「Shark」。廣告代理指出：客人確實感覺「明智」，感覺到該飯店免費的特色早餐與市內電話的價值。其實這些優惠別的飯店也提供，但這些策劃卻能夠把假日快捷客棧塑造成與眾不同的品牌形象。

*資料來源：北海旅遊之窗（www.0779.cn）.酒店品牌與市場的溝通要素，2004-7-12。有改動

第二節 如何利用促銷推廣品牌

一、認識促銷

促銷也是一種品牌推廣的工具，它可以在短期內刺激顧客或中間商較快地或更多地光臨飯店。如果廣告在於告訴顧客為什麼購買的話，促銷則是為了引起顧客的注意，並採取讓步、誘導或贈送等方法使顧客獲得某些好處，從而激勵其購買。隨著飯店品牌數量的日益增多，以及廣告宣傳效果的下降，越來越多的飯店開始使用促銷來推廣品牌。

（一）促銷需要「全店動員」

一般認為，促銷是銷售部門的工作，這種觀點明顯不夠全面。首先，促銷計劃的制定應該由營銷策劃人員、營業部門經理和飯店總經理協調各方面的資源，共同完成。而且促銷過程中產品和服務的質量控制、財務支持，甚至促銷場所的布置，都需要涉及各個部門與銷售部（或市場部）的密切配合。可以說，促銷活動完全有可能反映每一個飯店工作人員的工作態度和工作質量。

（二）促銷並不是多多益善

經濟型飯店品牌以促銷的方式進行推廣不僅可以省下大筆的廣告費，還可以透過價格競爭提高市場份額，也吻合了品牌形象。然而，任何事情都是過猶不及的，無限制的促銷可能會使飯店的品牌個性失去吸引力，品牌在顧客心中的價值也會大打折扣。「一個有名的品牌如果有30%以上的時間在打折的話，那就很可能存在著危險。」一個飯店的價格實際上體現了它對自己品牌價值的認知，顧客一般都認為真正的好品牌是不會經常降價的，總是打折的飯店給人一種價格與飯店真實價值不符的感覺。

因此，大量使用促銷來推廣品牌可能會適得其反，尤其對高檔以上的飯店品牌來說更是如此。大使套房（Embassy Suites）就是透過RevPar管理系統來定價的。其價格結構簡單易行，房價分為五等，並在多種銷售渠道中保持一致，想透過各種渠道打折是根本不可能的。這種價格制度強調了飯店品牌的優質服務，並在顧客心目中樹立了值得信賴的品牌形象。

總之，促銷只是一種工具，其最終的目的是為了強化飯店品牌的定位，建立顧客的品牌忠誠度。

二、確定促銷的目標

澄清了對促銷的認識，就要制定促銷的目標。根據目標市場的類型，促銷的具體目標可以分為兩種。

第一，針對顧客的促銷。針對顧客的促銷是為了鼓勵客人更多地來飯店消費或更長時間地逗留，並進一步吸引競爭性品牌的顧客。這種促銷的最終目標應該

是培育忠實客戶的長期消費，而不是像黃金週那樣，把其他時間的旅遊需求在幾天內集中釋放。

第二，針對代理商的促銷。針對代理商的促銷是為了鼓勵他們向更多的顧客推薦自己的品牌。

三、選擇促銷的工具

根據促銷的目標，可以把促銷工具分為相應的兩類：顧客促銷工具和貿易促銷工具等。

（一）顧客促銷工具

顧客促銷工具包括樣品、優惠券、贈品、顧客酬謝、售點陳列和遊戲等，飯店可以借此增加短期內的銷售量或長期內的市場占有率，擴大品牌的市場影響。

1.樣品

樣品是提供給顧客試用的物品。有的樣品是免費的，為了補償成本，也可以收取少量費用。因為樣品的費用很低，甚至沒有成本，所以更多的潛在顧客得以體驗飯店的服務，飯店可以借此取得更多良好的口碑。另外，也可以讓員工試用飯店的服務和產品：免費品嚐特色菜餚、獎勵優秀員工一次豪華套房服務、允許員工使用飯店的游泳池、高爾夫球場等娛樂設施……員工透過試用樣品可以親身感受顧客的消費心理，在推銷飯店的特色菜、套房或娛樂設施時才會更有說服力。

2.優惠券

客人憑借優惠券購買特定的飯店產品或服務時可以享受一定的折扣或其他優惠。優惠券能迅速刺激銷售量，對於品牌創建後的推廣活動尤其有效。在優惠券上印上飯店品牌的小廣告，既宣傳了品牌，又降低了客人嘗試新品牌的風險。

3.贈品

贈品是以較低價格或免費提供的產品，其用意是促進另一種產品的銷售量。

4.顧客酬謝

顧客酬謝是對飯店的常客提供的現金、服務等形式的回報。一般的飯店會給予老顧客VIP規格的禮遇：送上一個精緻的水果盤、一束鮮花，或者在VIP客人所用的床單、浴衣等上面繡上客人的名字等；在一年內住宿超過一定天數的客人還會獲得若干天免費的住宿或客房的免費升級。在萬豪禮賞獎勵計劃中，經常在萬豪指定的飯店消費的客人可以獲得萬豪禮賞獎勵積分，這些獎勵積分能兌換成免費飯店住宿、常旅客飛行里程數、租用汽車、主題公園入場券和租用商品等。

5.現場促銷

幾乎每個飯店都在大廳、餐廳或娛樂設施內設置展臺，進行過現場的促銷。但是，許多飯店都不大關注佈告欄，往往是在一張A4白紙上草草寫上活動內容了事。其實，這是一個很好的表現飯店品牌文化的機會。想想看，佈告欄都是放在醒目的位置，幾乎所有路過的客人都會看到。如果能根據飯店品牌的個性進行精心設計，使整個版面更加人性化、標準化，肯定會引起更多的客人駐足。

6.遊戲

透過遊戲進行促銷可以實現與客人的互動，盡量給所有的參與者以或多或少的獎勵，這樣會加深客人對飯店品牌的印象，促使客人的重複消費。遊戲與優惠券、贈品等促銷工具結合起來使用，吸引客人的目光，或許促銷的效果會更好。

（二）貿易促銷工具

飯店的貿易促銷是針對飯店銷售的中間商而言的，其目的主要是刺激代理商提前付款、大量採購或產生淡季購買等行為，並對飯店品牌、產品進行更有效的、更廣泛的宣傳。飯店的中間商包括各種傳統的預訂系統、旅行社和航空公司等。近年來，隨著網路的發展，出現了一些旅行代理商，它們利用網路進行飯店預訂。飯店對於各類中間商的促銷工具包括價格折扣和折讓等，價格折扣具體包括現金折扣、數量折扣、季節性折扣和功能性折扣。

飯店對中間商的促銷效果在很大程度上取決於中間商討價還價的能力。中間商在飯店銷售中所起的作用越大，它的議價能力就越高，最極端的情況是中間商不再受制於飯店，甚至開始貼牌生產。

不管是哪一種促銷工具，其目的不外乎與顧客建立起更穩定的長期關係，鞏固飯店品牌的市場地位，而不是暫時把好奇的顧客吸引過來。促銷推廣的一大禁忌就是偏離了對品牌價值的促銷，陷入價格混戰中。

四、制定促銷方案

在制定促銷計劃的過程中，經理人應該明確促銷中的一些核心問題。

（一）確定促銷規模

促銷的規模越大，影響就越大。但是盲目擴大規模、一味相信促銷的魅力，無疑會相對削弱品牌進一步發展的動力。飯店的不同產品都有自己特定的生命週期，並不是每一個產品都適合打折、送禮品的。新推出的產品往往購買量較小，顧客也不太瞭解，因此要進行密集的、形式多樣的促銷，以引起市場注意，刺激顧客購買。而成熟期的產品往往已經有了一批忠誠顧客，這時的促銷更有針對性。

（二）要激勵的顧客範圍有多大

考慮到成本控制問題以及促銷的效果，有的促銷並不希望所有的客人都參加，也許只要他們知道這件事就可以了。這時就需要對參與條件進行限制，以充分保證儘可能多的目標顧客得到促銷的實惠。在萬豪禮賞獎勵計劃中，並不是每一個萬豪的客人都可以享受免費的住宿或景點門票等促銷優惠，每一項優惠都需要一定數額的積分才能獲得。

（三）決定促銷推廣的時間

受財務狀況、市場環境和經營理念等因素的影響，促銷活動要適時推出，並且要控制促銷週期，即決定促銷推廣的時機和持續時間。

對促銷時機的選擇在很大程度上取決於總經理和營銷經理的職業敏感度，需要對環境做出準確的判斷。考慮到飯店經營具有較強的季節性，促銷活動要在客人預訂前進行，才能對消費決策產生影響。

對促銷時間的長短也沒有定量的規定，一般情況下，應在節假日（如春節、

情人節、國慶節、聖誕節等）、店慶或重大的社會活動（如體育比賽）等期間進行促銷，這時促銷活動要受限於這些特定時期的持續時間。除此之外，總經理還應該及時瞭解促銷活動的市場反應，根據本飯店的促銷效果、競爭對手的反應等具體情況來決定促銷的截止時間。

（四）制定促銷推廣的預算

飯店在經營過程中經常面臨這樣的兩難選擇：是應該節省促銷成本，還是追求促銷效果？在促銷推廣上應該投入多少資金？在哪個促銷項目上花多少錢才能取得更大的收益？這些問題都涉及經營預算的制定。一般來說，制定預算的常用方法有以下幾種。

1.量入為出法

根據本飯店的財務承受能力決定促銷預算。這種方法雖然保證了財務上不會有太大的風險，看起來比較保險，但是忽略了促銷效果的不同，有的促銷工具可能非常有效，卻得不到資金支援而只能放棄。

2.銷售百分比法

在美國，有的飯店以全年營業收入預算的2%作為計劃年度的促銷費用，以銷售目標為基礎，制定促銷預算。這種方法可以不考慮財務承受能力，但是可能會導致根據可用資金安排促銷費用，從而失去許多市場機會。

3.競爭對等法

有的飯店根據競爭對手的促銷費用決定自己的促銷預算。這種方法可以基本維持市場份額，然而每一個飯店的情況千差萬別，在聲譽、資源、戰略目標等方面都存在差異，而且競爭對手的預算制定不一定就是科學的。因此，競爭對手促銷費用只能作為參考。

4.目標任務法

目標任務法要求明確促銷的目標（如市場占有率、銷售量等），確定完成這一目標需要完成哪些任務，然後對這些任務進行細分，估算每一項具體任務所需

要的促銷預算。

　　在實踐中，經理人經常要綜合考慮這幾種方法，以制定出科學合理的促銷預算來。為了降低預算，許多飯店都選擇了與其他公司合作的方法。2004年，假日旅館（Holiday Inn）就圍繞海綿寶寶電影（Sponge Bob Square Pants），與世界排名第一的兒童娛樂品牌Nicktoon進行了為期兩年的合作促銷。

Nickelodeon Family Suites by Holiday Inn的標誌

　　按照協議，美洲的假日旅館將在奧蘭多和佛羅里達建成世界第一家尼克——假日家庭套房（Nickelodeon Family Suites by Holiday Inn），預計在2005年春天開業。兩家公司計劃投入數百萬美元用於改造現有的假日家庭渡假村（Holiday Inn Family Suites Resort），使其成為世界一流的「由孩子做主」（kids rule）的渡假村。

　　五、促銷方案的測試和實施

　　與廣告推廣一樣，促銷方案在具體實施前最好能在小範圍內先行測試，以便清楚它是否適合本飯店品牌，效果如何。然後根據測試結果對原方案進行調整，這樣既經濟又有效率，並可降低風險。然而很多飯店都不同程度地忽略了這一問題，在計劃制定完畢後就迫不及待地推向市場。

一般來説，促銷方案的測試過程可以分為以下幾步。

（一）明確測試的目標

通常，飯店進行促銷測試只是一種熱身賽，或者晚會前的綵排，主要的目標是判斷整體方案的優劣，是否需要改進，而不會希望借此獲得多高的經營效益。在測試中要明確的有：客人對促銷活動的反應如何？飯店各部門在促銷中的相互配合得怎樣？能否順利應對突發事件？促銷預算是否夠用？促銷工具是否合適？

對於多種備選方案，最好把它們同時投放到不同的市場，透過橫向比較往往會消除各個方案之間的相互影響，對比起來也更方便。

（二）選定測試的市場範圍

來飯店用餐的客人可能當地人多一些，但客房則多賣給外地人，有時飯店面對的客人來自中國全國各地，甚至海外。所以，在針對客房產品的促銷活動前，可以先挑選幾處主要的客源地，在這些地區首先實施促銷方案，根據實施效果推斷出整個市場的趨勢。

為了達到測試效果，這些促銷區域需要具有典型性，能夠體現目標市場的主要特徵；有足夠數量的潛在客源可供測試，如果數量太少會使測試因樣本數的限制而失去意義；最後，飯店還必須對這些區域有相當的控制力，保證促銷訊息能夠及時、準確地回饋。

（三）確定測試的對象

僅僅選定了測試的市場區域還是不夠的，在同一地理區域中有各種類型的客人或潛在客人，其中只有一部分才是本飯店品牌的目標顧客，如果擴大了測試的範圍，會嚴重影響測試效果，使測試失去意義。

因此，還得進一步選擇測試區域中的目標顧客，把他們作為測試對象，調查目標顧客對促銷方案的認可程度和反應狀況。營銷決策人員可以從以下幾個角度選擇測試對象。

（1）對測試對象最基本的要求是：他曾經或有可能在本飯店消費，即處於

目標市場中。

（2）在目標市場中選擇不同類型的幾種顧客進行測試，這樣才會更全面。例如，如果飯店品牌主要接待渡假旅遊者，那麼在尋找測試對象時應該顧及到不同性別、不同年齡、不同職業、不同學歷的渡假旅遊者，測試他們對促銷的反映有何異同。

（3）測試對象最好還要有較豐富的飯店消費經驗。如果一個人只是偶爾在飯店消費，那麼飯店的每一項促銷活動對他來說可能都是新鮮的，他無法與其他飯店的促銷活動、產品和服務等進行比較，當然也不能希望他能為促銷提供更多有價值的建議。

促銷測試結束後，應及時總結測試效果，並對原有的促銷方案進行修改。具體的促銷實施工作主要由銷售部負責，在此不再贅述。

六、評估促銷效果

很多飯店在做完促銷推廣後就算結束了，並未對促銷效果進行科學、認真的評估。即使做了評估，也只是侷限於對推廣前、推廣中和推廣後的銷售額進行簡單的縱向比較，不能反映真實情況。因為促銷的效果具有滯後性，它可能不會在推廣活動結束後就馬上顯現；也有可能促銷剛結束時效果較好，但過了一段時間就恢復到以前的水準了。對效果的評估如果考慮不到之後的這段時間，就會影響評估的質量。

對促銷效果的評估應該是從兩個角度展開的，一是銷售數據評估，一是顧客調查評估。

（一）銷售數據評估

對飯店促銷前、促銷中和促銷後銷售數據的比較分析是一種常見的促銷評估方法。透過銷售數據的比較，可以比較清楚地瞭解促銷前的顧客行為，購買促銷產品的顧客，以及這部分顧客在飯店後續經營中的消費行為。對這些訊息的蒐集將會對促銷推廣活動的改進和飯店品牌的決策產生直接的影響。在銷售數據評估中，需要注意以下一些問題。

1.銷售數據的時間段選擇

銷售數據的選擇最好能夠涵蓋促銷活動的全過程，並在促銷結束後有一定的延續。只收集促銷結束後的一兩天的數據，是不能反映真實情況的，因為促銷效果的最終顯現往往要滯後一段時間，必須等到促銷效果真正發揮作用的時候再進行數據採集。

2.銷售數據的類型選擇

為了更全面地反映促銷結果，還不能侷限於一種統計數據，最好能同時收集幾組不同類型的銷售數據進行相互比較，儘可能多地排除只考察一個數據所帶來的片面性。這些數據可以包括：客房出租率、營業收入、市場份額和顧客投訴量等。一般說來，數據類型越多，對促銷效果的考察就越全面，評估也就越精確了。

3.銷售數據的連續性

以上兩個方面只是保證了銷售數據的全面性，除此之外，銷售數據還應具備時間上的連續性。如果僅僅是在促銷開始前、進行中和結束後抽取了三個數據，顯然是無法完整地反映促銷對銷售活動的影響的。具體應當從促銷活動開始前的一段時間起，一直到促銷結束後飯店的銷售數據不再劇烈波動、進入平穩期結束，連續記錄每天的銷售數據。

（二）顧客調查評估

對顧客的調查主要是為了研究不同類型的顧客對促銷活動的反應，以及在促銷期間他們的消費模式有沒有發生變化。銷售數據評估的資料來源主要是飯店內部的一些指標，而對顧客情況的評估要透過問卷調查來實現。飯店進行問卷調查相對來說比較方便，可以直接在客房、大廳或餐廳裡放上問卷，請客人自願填寫。最後集中問券進行分析。

案例3-2

萬豪禮賞計劃攜手韓亞航空

很多飯店都與航空公司聯手開展促銷活動。下面的案例是萬豪禮賞獎勵計劃與韓亞航空公司合作促銷的具體內容。

萬豪禮賞獎勵計劃（Marriott Rewards）中的萬豪禮賞獎勵積分可以兌換成免費飯店住宿、常旅客飛行里程數、租用汽車、主題公園入場券、租用商品等。萬豪禮賞獎勵計劃連續7年被著名旅遊雜誌《商務旅遊》（Business Traveler）的讀者評為「全球最佳飯店獎勵計劃」，並且被《商業週刊》（Business Week）雜誌讀者評為「最佳飯店忠誠顧客獎勵計劃」。

近日，萬豪禮賞獎勵計劃宣布，韓亞航空公司成為其第26個全球航空公司合作夥伴。根據雙方的合作計劃，萬豪禮賞獎勵計劃會員在位於66個國家及地區的2,400多家萬豪國際飯店住宿，便可換取韓亞航空俱樂部（Asiana Club）的飛行里程。

從現在起，萬豪禮賞獎勵計劃會員如選擇韓亞航空作為其指定的飛行常客獎勵計劃，將享受到以下禮遇：

·　在下列飯店每花費1美元，可兌換3個獎勵里程數：萬豪飯店及渡假飯店、萬麗飯店及渡假飯店、JW萬豪飯店及渡假飯店和萬豪國際渡假俱樂部；

·或在下列飯店每花費1美元，可兌換1個獎勵里程數：萬怡飯店、Residence Inn by Marriott、Fairfield Inn by Marriott、Towne Place Suites by Marriott和Spring Hill Suites by Marriott；

·　萬豪禮賞會員可以根據以下兌換率，將其禮賞積分轉換成韓亞航空俱樂部里程數：10,000萬豪禮賞積分＝1,500里程數，20,000萬豪禮賞積分＝3,500里程數，30,000萬豪禮賞積分＝7,000里程數，70,000萬豪禮賞積分＝17,000里程數，125,000萬豪禮賞積分＝35,000里程數。

*資料來源：http://www.china-ehotel.com.日期：2004-11-26

第三節 如何利用公共關係推廣品牌

在這個訊息爆炸的時代，公共關係作為一種行之有效的品牌推廣手段，越來越受到人們的重視。希爾頓國際飯店認為，公共關係就是「我們透過第三方的支援樹立自身的積極形象和培育顧客偏好的過程」。這一定義得到了營銷大師科特勒的高度認可。在飯店品牌培育的過程中，公關是一種有效的品牌推廣手段。

一、主要的公共關係

（一）與新聞界的關係

飯店與新聞界打交道是為了使飯店品牌更多地以正面形象出現在新聞裡。與其他公關活動相比，新聞具有較強的可信度。飯店品牌頻頻在新聞節目或版面中出現可以吸引公眾對該品牌的注意，大多數的顧客都會認為新聞界會以中立者的身分來看待飯店品牌，因此，由《中國旅遊報》的主編寫一篇飯店品牌的宣傳文章，肯定比飯店經營者「自吹自擂」的效果要好得多。

（二）與顧客的關係

飯店在新推出一種菜餚、一種房型，或在剛剛裝修過後，往往要進行針對上述特定產品的各種宣傳活動。例如舉辦美食節等。此外，定期回訪、郵寄計劃等都是與顧客保持關係的手段。

（三）與員工的關係

品牌宣傳的目的是讓受眾對飯店有更多的瞭解，其中也包括向員工宣傳飯店的企業文化、品牌定位、規章制度和戰略目標等。一般的飯店都有內部發行的工作簡報，可以充分利用它開展宣傳活動。飯店應該制定詳細的員工培養計劃，定期對員工進行職業培訓，對工作業績突出的員工進行物質獎勵或晉升，充分調動他們的工作積極性。

（四）與政府和行業協會的關係

飯店的公關還包括與政府官員的關係。中國的很多飯店都有國有制的背景，與政府的融洽關係可以影響政策法規的制定朝著有利於飯店的方向發展。在市場經濟條件下，行業協會可以作為政府與企業之間溝通的橋樑。美國的一些大型飯店集團甚至僱用了一批說客，專門處理與政府的關係。

（五）與學術界的關係

飯店可以就經營中遇到的品牌定位、危機處理等棘手的問題向「外腦」求助，由此構成了飯店對營銷公司、學界專家等外部智囊團的公關。有時邀請有影響力的專家對本飯店做出正面的評價，會造成意想不到的效果。

二、公共關係的作用

（一）為新品牌的推出造勢

開發一項富有創新意義的新產品，本身就是一個具有新聞價值的素材。磐石飯店（Hard　Rock）在開業前對外宣稱自己將建造第一家搖滾風格的飯店，引起了新聞媒體的爭相報導。飯店開業的前兩天還舉辦了兩場搖滾音樂會，確保飯店得到了廣泛的關注。

（二）影響特定的目標群體

飯店公關的一個突出作用就是培養客人對飯店品牌的忠誠度，除了要提供熱情、周到的服務外，還要善於抓住時機，向飯店常客或VIP客人開展公關。這些客人大多是社會名流，社會影響力較大，有時接待他們本身就可以成為一條新聞，從而提高飯店品牌的知名度。

（三）樹立品牌形象

飯店可以透過對綠色環保組織、社會弱勢群體或災區的捐贈和資助，以及輿論的相關宣傳，在社會中樹立良好的飯店品牌形象。這些活動最好還應該是目標顧客所關注或感興趣的。在1990年代的伊拉克戰爭期間，精品國際飯店就發起了「黃絲帶」（Yellow　Ribbon）活動。飯店從每間客房的收入中抽出五美元捐給美國紅十字會，以幫助美國士兵的家庭。

（四）危機處理

飯店是公共場所，接待的客人也比較複雜，有時在飯店經營過程中會出現火災、治安、食品衛生等惡劣事件，如果在社會中傳播不免使飯店品牌受到負面宣傳的影響。這時我們仍然要借助公關，主動向外界介紹事態的發展，千萬不可祕

而不宣。在處理危機時，我們要把握兩個要點：一是統一口徑，避免謠言誤傳；二是重點宣傳飯店處理危機的行動和效果，重樹品牌的積極形象。如果控制的到位，完全有可能化危機為機遇，提高品牌的知名度和名譽度。

三、公關活動的主要工具

（一）出版物

每家飯店都有自己的宣傳手冊、飯店簡報、賓客指南，以及一些視聽資料等，有的上市公司還要公開年度報告。這些出版物都是推廣品牌的絕好媒介，但是大多數飯店卻利用得並不理想。拿飯店的宣傳手冊來說，幾乎每一家飯店都是在上面印上客房、餐廳和一兩個娛樂場所的圖片，再附上簡單的介紹了事。這種宣傳大同小異，不可能體現品牌的特色。

（二）事件

為了引起公眾，尤其是目標顧客對飯店品牌的注意，還可以主動舉行一些活動。這些活動涉及飯店內部的有美食節、週年慶典等；還可以召開一些重要事件的新聞發布會、拍賣會、接待知名的文體明星和政界要員等；另外以主辦、承辦或贊助的形式介入一些體育比賽也會使飯店的名稱受到社會群體的廣泛關注。

（三）新聞

飯店的公關部門要與新聞界建立友好的工作關係，公關人員就要善於製造對飯店品牌有利的新聞，向新聞界提供他們感興趣的素材，如在飯店舉辦的娛樂活動、上市飯店高級管理層的人事變動等。

（四）影視

飯店可以在淡季為一些有著名主持人、導演或演員參加的影視節目提供拍攝場地，甚至在電影或電視劇中把本飯店作為重要劇情的發生地。若這些影視劇一炮走紅的話，勢必會引起觀眾對飯店的關注。如果是渡假飯店的話，還可以在劇中多拍攝一些飯店內和飯店周邊的宜人風光，吸引客人前往。但是，公關的效果與影視劇的票房或收視率有關，飯店無法有效地控制，如果影視節目的市場反映冷淡，飯店將會蒙受損失。

（五）社會服務活動

飯店透過參與社會福利事業可以使公眾對其品牌產生好感，以後即使不幸出現品牌危機，也還是有一個擋箭牌。比爾蓋茲如果能在1999年之前就捐出他的幾十億美元，或許可以弱化微軟的貪婪形象，即使不能改變法律的裁定結果，也會博得公眾的同情。

（六）飯店的標誌

飯店標誌也是一個重要的公關工具。實際上，標誌是無處不在的，它可以出現在飯店的建築物、車輛、制服、宣傳手冊、信箋，以及各種餐具、布置上……任何客人在飯店中環顧四周，都會發現飯店的標誌。標誌雖小，卻對客人產生了潛移默化的影響。然而，在有的飯店中，品牌標誌並不能以一致的形象展現在客人面前，它們或是在字體、顏色上不統一，或是圖案不標準，如此混亂的形象很難造成應有的視覺衝擊力。

案例3-3

洲際飯店集團在2004年的社會活動

透過支援環境保護、為慈善組織提供援助可以幫助飯店樹立良好的品牌形象，我們可以看一下2004年洲際飯店集團所參與的社會活動。

1.環境

飯店業明顯對環境有影響，洲際飯店集團（Inter Continental Hotels Group，IHG）在經營中盡量減少這種影響。我們的飯店還制定了各項措施以節約水、電等資源，並有效地開展了廢物再利用。

洲際飯店集團旗下的Britvic軟飲料是英國第二大軟飲料製造商，它生產的軟飲料有Robinsons，Fruit Shoot，Robinsons for Milk和J2O，並取得了百事可樂在英國市場的商標使用權。2004年，Britvic軟飲料的環境管理系統獲得了ISO14001的認證，這一系統涵蓋了所有的生產場所和技術中心。Britvic的能源消

耗減少了16.3%，遠遠低於Climate Change Levy組織4%的要求。在2003到2004財政年度，Britvic全部生產作業間的汙水排放減少了13.7%。

2.社會

洲際飯店集團一貫支援社會活動和慈善事業，截至2004年12月31日，已經慷慨捐贈了110萬英镑（包括現金和贈品），這些捐助主要用於兒童、少數民族、教育、環境和健康。洲際飯店集團已經與聯合國兒童基金會（United Nations International Children's Emergency Fund，UNICEF）合作了三年，在菲律賓、羅馬尼亞和祕魯投資建設學校，並實施青少年發展計劃，並承諾到2005年底為其提供30萬英镑的援助。IHG 也支援「將世界交給孩子」（Give Kids the World，GKW）慈善組織，該組織旨在為身患重病的孩子及其家庭提供機會參觀位於佛羅里達和巴黎迪士尼樂園的「GKW村」。

在印度洋海嘯發生後，IHG 積極把員工及其家庭捐出的善款交給UNICEF，以支援它在該地區的工作。IHG的僱員共捐出了12,000美元，洲際優悅會（Priority Club Rewards）成員也捐贈了獎賞點數，集團則撥出125,000美元。

3.我們的目標

我們堅信：公司的社會責任可以加強IHG在全球的良好聲譽，並使企業的成功得以在未來延續。鑒於此，我們致力於為了社會、環境和人類的利益而履行我們的義務，以不辜負全球的顧客、業主等利益相關者對我們的期望。

*資料來源：選自洲際飯店集團Annual review and summary financial statement 2004，第21到24頁。有改動

四、公關推廣的過程

（一）尋找公關機會

上文列出了很多公關活動，但是並非每一個活動都有機會實施。在很多情況下，公關人員並不是等待機會的來臨，而是創造條件，吸引公眾的注意。在公關推廣的第一步，飯店公關人員需要透過市場調查，找出目標顧客感興趣，本飯店又力所能及的公關活動，積極做好籌備工作。

（二）確定品牌推廣的目標

每一項有準備的公關活動都有特定的目標。在品牌推廣的過程中，公關的目標主要有：降低推廣成本，提升飯店品牌的聲譽，激勵利益相關體。

1992年，麗思卡爾頓飯店獲得了「梅爾考姆・鮑爾特里奇國家質量獎」（該獎項是美國國家技術與標準學會設立的最有權威的企業質量獎），成為第一個獲此殊榮的飯店。2004年，麗思卡爾頓飯店公司又榮獲了「Executive Travel」頒發的「最豪華飯店聯名獎」（Best Luxury Hotel Chain）。這些獎項不僅很好地宣傳了麗思卡爾頓的服務質量和品牌形象，而且激勵了員工、銷售商以及特許經營商的工作熱情，在品牌拓展時也更容易說服業主。

（三）界定目標群體

前面已經多次強調過品牌推廣活動的針對性問題，即要把最主要的訊息設法傳達給目標顧客，而不是泛泛地在市場上傳播。例如同樣是刊登一條與飯店有關的新聞，如果這家飯店的主要客人是商務旅遊者，那麼新聞最好登在《21世紀經濟報導》、《中國新聞週刊》等商界人士的主要讀物上；如果飯店的目標顧客主要是背包客，那麼登在《時尚旅遊》、金旅雅途等旅遊類媒體上效果會好一些。

（四）實施品牌公關

公關活動異常豐富，而且富於變化，我們在實施公關計劃的時候要把握以下幾個要點。

1.公關人員與媒體記者、編輯的關係是飯店公關的重要資源，因此要維繫好與新聞界的關係。

2.實施品牌公關要重視調查研究，以目標客戶的需求為切入點，使品牌公關達到與顧客預期的溝通效果。反之，如果飯店沒有經過調查研究，而以高層管理人員或公關人員的主觀概念來決定策略，就無法得到顧客的認可。

3.飯店品牌的公關活動要突出重點，保證公關訴求單一化。如果想傳達的重點太多，對顧客來說就等於沒有了重點。例如飯店的品牌利益可以包括可靠性、

價格、服務質量和設施設備等。如果要把上述利益通通在公關中傳遞給顧客，目標受眾就很難記住飯店品牌的特色。

（五）評價公關效果

衡量飯店品牌的公關活動能否造成品牌推廣的作用，可以借助三個指標：

1.曝光率

在衡量公關效果時，對曝光率的使用比較普遍。曝光率就是飯店品牌在各種媒體上出現的次數，這種方法統計起來也很簡單。近年來，互聯網的發達使曝光率的統計更加便捷，只要在搜尋引擎上輸入飯店的名稱就可以迅速找出各大媒體對飯店品牌的報導。

但是，這一標準顯然不夠全面，飯店不能單純以其在媒體中的曝光率衡量公關人員的工作績效，因為看到新聞的受眾不一定是飯店的潛在顧客，而對飯店有重要意義的顧客或許根本就不知道這些新聞。

2.目標顧客的態度

與測量曝光率相比，對目標顧客態度的調查可以更加客觀、直接地反映飯店公關的推廣效果。如果在本市晚報中刊登了今明兩天將在本飯店舉行畢卡索畫作的拍賣會，在一週後便可向來店的客人詢問有多少人看過或是聽說過這一新聞，客人有沒有把這條新聞告訴周圍的人。

3.銷售量和利潤

對飯店銷售量和利潤的衡量反映了公關活動對飯店經營狀況的影響程度。大多數的公關活動都具有一定的「表演性」，成功的公關要求在短期內取得轟動效應。因此，雖然有些公關活動推廣效果的顯現也需要一段時間，但是與促銷相比，滯後性不是很明顯。所以，用銷售量和利潤是衡量公關效果的一個較理想的方法，科特勒也把銷售量和利潤看作「最令人滿意的衡量方法」。

如果公關是和其他品牌推廣活動一起展開的，那麼對效果的評估可能會更困難一些。有的飯店管理層會估計出每項推廣活動的貢獻率，再乘以新增加的銷售

額或利潤，便可以得到各推廣活動帶來的銷售額或利潤的增加。但這只是估算，在很多時候，我們無法從技術上把公關產生的作用和其他推廣活動的作用區分開來，而在現實中，單獨以公關作為推廣手段的時候又很少。最終，我們只能衡量在一段特定的時間內，廣告、促銷和公關等各種品牌推廣活動所起的綜合性效果，這種整體衡量或許更有意義一些。

案例3-4

飯店開業前公關活動安排的時間表

飯店開業前應該如何安排公關活動？本案例按照時間順序給出了詳細的解答。

這一時間表從飯店開業前6個月啟動。在此之前，建設計劃的宣布和奠基儀式等事項已經完成。

開業前150到180天

1.召開會議確定目標並協調公關活動與廣告宣傳的關係；根據計劃完成日期確定時間表。

2.確定好將要利用的各種媒體。

3.整理照片和相關文稿。

4.開始準備郵寄名單，製作媒體一覽表。

5.聯繫所有將要參加開業各活動事項的利益相關者。

6.預定好在開業典禮現場之外的設施。

7.舉行記者招待會的日期。

開業前120到150天

1.將配有照片的公告發送給所有的媒體。

2.把首期工作進展簡報發給代理人和媒體（如果願意，還可發給公司客戶）。

3.開始印製長期發行的宣傳手冊。

4.為開業事項做最後的計劃，包括對利益相關者的承諾。

開業前90到120天

1.向中國全國性媒體發起宣傳攻勢。

2.向媒體發送郵件。

3.發出第二階段工作進展通告。

4.結合當前的行業活動，安排專門的行業採訪和特寫。

5.發出行業公告。

開業前60到90天

1.在當地媒體及其他媒體的頭版或黃金時間發起宣傳攻勢；強調飯店對當地社區的貢獻，公布捐贈、利益相關者及相關情況。

2.發出第三份也是最後一份工作進展通告，以及宣傳手冊。

3.開始讓公眾參觀幕後進展。

4.為遊記作者舉行午宴，討論重要問題。

5.建立各部門模型供參觀。

開業前30到60天

1.發送開業前的業務通訊（以後按季度繼續發送）。

2.舉行試營業開幕式和剪綵儀式。

3.保持連續的媒體宣傳。

4.為開業慶典制定最後的計劃。

開業前一個月

1.連續不斷地向代理人郵遞大量訊息。

2.舉行開業歡慶活動。

3.組織新聞記者熟悉環境和旅行。

*資料來源：〔美〕科特勒（Kotler，P.）等著，謝彥君譯，旅遊市場營銷（第2版），北京：旅遊教育出版社，2002年3月第1版，第514到515頁

第四章 如何維護飯店品牌

導讀

成功的品牌是科學管理的結果。本章探討的是在日常經營中如何維護飯店品牌。第一節，從飯店內部和外部兩個方面，重點強調並分析如何建立品牌管理的組織，以及該組織在不同階段的工作內容。第二節，在品牌的日常維護方面，主要探討品牌管理的理念和品牌管理系統的建立。第三節，從企業發展的戰略高度，探討和分析利用法律手段保護商標和網域的方法。第四節，對飯店日常經營中經常遇到的、並可以解決的那些危機進行分析，並提出相應的解決措施。

第一節 如何對品牌進行組織管理

品牌管理，意味著企業已經超越了單純的產品管理和市場管理。它涉及從品牌創建、推廣、維護到擴張的整個過程，涉及多個飯店內部和外部的部門和機構。所以，一旦某個飯店決定進行品牌的管理和經營，就應該建立相應的組織來完成這項工作。

一、飯店中沒有設立品牌管理部門的原因

關於品牌管理，學習過市場營銷的人往往會聯想起諸如寶潔、聯合利華等工商企業的例子。這些企業有豐富的產品線，有眾多的品牌經理和成熟的品牌管理經驗。目前，綜觀中國飯店業的現狀，我們很難發現哪一家個體飯店有專門的組織或部門來負責自己的品牌管理。這既是事實，又是很尷尬的產業現狀，在這方面，飯店業遠遠落後於工業企業、商業企業和銀行、通訊等服務業。

（一）飯店更依賴和相信銷售能力，而不是品牌

大部分飯店把人力、財力、政策等資源向銷售部門傾斜，使銷售能力獲得較大提高，從而彌補品牌管理的劣勢。但當進入到一個新的客源市場時，擁有優勢的品牌往往比銷售能力更重要，因為品牌對市場具有號召力。飯店的銷售經理也許對這一點體會最深，例如在接待高檔的國際大型會議等活動時，擁有知名品牌的外資飯店往往具有優勢，儘管它的報價更高，條件也不那麼優惠。這時銷售能力已經不是最重要的，因為會議的組織者是不會輕易選擇一個沒有聲譽和名氣的飯店的。

即使很多飯店掛上了中國外的知名品牌，也只是看到了這些品牌背後強大的營銷網路和潛在客源，並不關心品牌的其他內容，這也使一些飯店突然或頻繁地更換品牌。

（二）飯店更急功近利，缺乏長期發展戰略

中國的飯店業總的來說是缺乏強勢品牌的，進入世界飯店業300強的錦江集團和建國國際也很難說是中國全國性的品牌。每個城市或地區真正擁有品牌優勢的飯店少之又少，消費者對品牌也缺乏認同和瞭解。所以各個飯店忽視了品牌的使用，還停留在價格等低水準競爭階段，對品牌的重視還遠比不上對星級的重視，畢竟投資品牌獲得的是一種長期回報。

（三）以銷售為導向，而不是以品牌為導向

事實上，當一家飯店建成並開始運營之時，業主和經理人想的都是怎麼讓豪華的大樓和設備產生更多的現金流，關注的都是出租率、平均房價和營業收入等經營指標，就是說大家都在以銷售為導向，這並沒有錯。好一點的情況是，飯店以市場營銷觀念為導向，注重飯店的品牌形象，但卻忽略了更重要的品牌延伸、品牌擴張等內容，對品牌應用的層次還很低。但如果這家飯店想成為一家「百年老店」，它就需要把品牌建設作為整個企業未來發展的核心工作。

二、由誰管理品牌

品牌的管理首先要考慮工作專業化的問題，即品牌管理是否應該作為飯店的

一項專業化工作來對待。如果是的話，就應該由專業化的組織或部門來完成。品牌管理在中國還是一個陌生的概念，尤其是飯店業，因此需要專業人員來操作。品牌管理貫穿飯店經營的自始至終，毫無疑問，這是一項專業化的工作，需要由專業化的組織或部門來完成。

（一）在飯店內部設立單獨的品牌管理部門

在飯店中，與品牌管理最相關的部門應該是市場營銷部門。大部分飯店市場營銷部門的主要職責是銷售工作，有的還負責公關活動、市場調查活動。儘管品牌管理工作也涉及公關活動，但飯店的公關活動更多的是以飯店產品經營為基礎的，是為了更好地銷售產品，而不是為了提升品牌價值。

作為飯店來說，最理想的模式是設立一個單獨的品牌管理部門，以品牌經營戰略為導向組建品牌管理團隊，全面負責品牌的開發、設計、推廣、保護和經營，實現品牌運營的連貫性和一致性，最終實現品牌發展戰略。作為一個「戰略性的工作單位」，經理人應努力為該團隊創造良好的企業內部工作環境，鼓勵其積極參與企業內部有關品牌的變革，這樣才能充分地履行品牌管理職能。考慮到飯店中的實際情況，品牌管理部門可以隸屬於市場營銷部，作為一個二級部門，相應的其負責人的級別比市場營銷部的負責人略低。如果飯店的規模較大，有專門的飯店資產管理部門，可以把品牌管理部門作為資產管理部門的下屬部門，這樣會使開展工作時的障礙相對減少。從品牌的資產屬性來考慮，這種安排無疑最能體現品牌管理的作用和意義。

設立單獨的品牌管理部門可能會面臨一些困難。

首先，觀念的障礙。市場營銷部作為飯店的一個獨立的一級部門，雖然已經得到廣泛認同和採用，但對其職能的認識大部分還侷限於銷售層次。在這樣的背景下，設立一個品牌管理部門，可能更不容易被認同，尤其是涉及品牌推廣和維護等費用時，能否得到董事會的支援是個未知數，因為業主們可能根本沒有考慮過這項支出。

其次，經費的問題。儘管有人能夠認同「品牌管理的投入是一種長期投資」，但現實中董事會往往不會用品牌價值這一指標來考核總經理，因此營銷費

用都用於實現短期收入、利潤等經營指標的最大化，沒有人願意考慮拿出有限的經費用於品牌管理。

第三，缺乏具有品牌管理技能的人員。目前，中國比較優秀的營銷人員主要集中於廣告公司、諮詢公司等專業公司，其中熟悉品牌管理和經營的更是不多。飯店業想吸引優秀的營銷人員加入，也不是件容易的事。以飯店業目前的薪資福利水準來看，一般不會超過其在專業公司的收入，而且可能由於不受重視，影響其職業前途和職業滿足感。尤其是當隸屬於市場營銷部時，品牌管理人員的業績不像銷售人員那麼直觀、容易衡量，收入水準可能比不上銷售人員，容易造成不平衡感。

專職品牌管理人員應具有如下的任職資格：具有企業管理、市場營銷等方面的專業學歷，最好具有MBA學位；具有獨立完成品牌管理工作的能力；有領導能力，能夠指導他人完成工作；對市場有直覺和判斷能力；能夠邏輯清晰地分析問題；有良好的溝通技能，能夠與飯店各部門和飯店外相關部門、機構溝通；具有可以培養成為全面品牌管理人員的潛力和資質。專職品牌管理人員是保證飯店品牌管理體系能夠有效運行的基礎環節，不僅對飯店業務和銷售工作要有基本的瞭解，而且要瞭解市場是如何被有效管理的，品牌管理是怎樣滲透到飯店管理每一個環節的，顧客和飯店銷售的中間商（如旅行社、訂房網站等）是怎樣考慮的，等等。

（二）在飯店內部採用矩陣式的項目小組或管理委員會

在飯店中，除了各個部門以外，還有各種委員會等組織，這些組織可能不是常設機構，可能由各部門人員兼任。例如，飯店中的質量監督委員會可能就是由各部門負責人和飯店主管組成，是一種跨部門的長期協調組織，造成互相檢查、互相監督的作用；飯店在評分級之前，可能要抽調各部門人員組成迎接評分檢查的工作小組，專門負責相關工作，履行完職責後小組解散。

借鑑以上例子，在不打破原有組織結構和權利分配的前提下，即不能設立專職機構的情況下，可以考慮採用鬆散的組織形式，如委員會制或項目小組形式，但必須是常設機構，保持品牌管理的一致性和連續性。這個委員會或小組可由飯

店高層主管任最高負責人，市場營銷部門主管任執行負責人，成員來自各個基層部門，由市場營銷部門負責組織協調，各部門具體落實，但需要建立合理的工作機制，如定期的會議等，以保證該委員會或小組能夠履行其職責。如果飯店原來設立了質量管理委員會，可以透過對其進行改組，重新設定組織功能和人員安排，這樣可能相對容易些。如果涉及到利用品牌進行集團化、多元化發展等戰略問題，或是品牌資產評估等重大問題，這個委員會還應該有董事會的成員參加。

這樣，由於沒有設立單獨的部門，在經費上會節省一些，遇到的阻力會小一些，有利於在飯店內部推行品牌管理制度和標準，至少會引起飯店內部品牌觀念的變革，等到時機成熟時再進行機構和職能變革。由於這樣的委員會或小組不是正式的飯店部門，能否真正發揮作用面臨一定困難，部門之間協調、溝通可能會有難度，因此，飯店總經理等高層的重視程度將是一個決定因素。

（三）利用諮詢公司、專業品牌管理機構、飯店管理公司等外部資源

以上兩種方式都是立足於飯店內部，如果一個飯店認為無法在內部解決問題，就必須利用外部資源了。中國的飯店也廣泛採用了「業務外包」的形式，如飯店的衣服和棉織品等的洗滌，鍋爐、電梯等設備的維修保養都由專業公司或生產廠家來完成。

目前，中國飯店的業主已經充分認識到飯店品牌的重要性。因此在開業前往往會尋求中國外的知名飯店管理公司，採用管理合約的合作方式，使用管理公司的知名品牌，來達到迅速擴大知名度的目的。一旦順利開業，打開市場，合作期也就面臨結束，飯店就要「翻盤」，一個新的飯店名稱將會出現。採用品牌特許經營也有類似的情況，如果一個品牌無法達到較好的銷售業績，也很容易被別的品牌所取代。

品牌管理方面，除了以上利用管理公司的品牌或接受特許經營的方式以外，採用「業務外包」的飯店還不多，畢竟品牌管理不會迅速帶來收益。但如果把飯店作為一個長期經營的項目，就應該捨得在品牌管理上投資，尤其在飯店開業之前，就應該聘請廣告、諮詢等專業公司，也可以利用飯店管理公司的顧問管理或籌備前期開業管理，設計、開發適合本飯店的品牌，完成飯店的商標註冊和智慧

財產權保護等工作，為日後的發展掃清障礙。考慮到費用等方面的因素，飯店可以選擇在一些關鍵的環節上聘請專業公司，如開業之前、品牌聲譽出現危機時和資產評估時等。

無論採用以上哪一種組織形式，都需要外部專業公司的不同程度的參與。毫無疑問，廣告公司、諮詢公司等專業公司在品牌的創建和傳播等過程中將造成重要作用。但是，從品牌具有的重要作用和價值的角度看，讓這些專業公司過多地介入到飯店品牌的創建和管理過程，等於飯店把過多的重要責任交給了別人，對於飯店來說是有一定風險的。這些專業公司更擅長的是品牌的策劃和傳播，而真正的品牌則需要飯店用心、用時間培育出來，對品牌的日常管理才是根本，飯店對品牌的發展負有根本責任。

以上三種模式是以飯店創建自有品牌為前提展開的，如果飯店的業主接受管理公司的全面管理或採用品牌特許經營的形式，則這個問題會相對簡單，管理公司或特許經營公司會有專人負責品牌的推廣和維護，飯店的員工會得到品牌方面的相關培訓，只需遵照執行統一的標準就可以了，因此只需要有專人配合他們的工作，使飯店的品牌達到相應標準，設立品牌管理部門似乎就多餘了，但應該對使用該品牌的效果進行科學評估。如果業主終將創建自己的品牌，還應該更多地學習管理公司的品牌管理經驗，儲備相關的人才。

三、不同階段的品牌管理內容

經理人應該認識到他所管理的是品牌，更是資產。品牌管理不只是創建和維護一個品牌那麼簡單，更多的是一種資產管理，確切地說是無形資產管理。以前，飯店業主往往更關心有形資產和經營指標，今後中國飯店業內的併購、上市融資等資本運作活動將更為普遍，飯店業主將會更關注品牌等無形資產的價值，董事會將會在這方面發揮更積極的作用，經理人也將面臨著更大的壓力。對於飯店管理公司來說，如果合約期足夠長，它應該使業主的品牌成為有較高價值的無形資產，這樣也能使本管理公司的品牌價值得到進一步提升。

（一）品牌創建期間

一般來說，一個飯店在品牌管理的各方面都需要外部專業公司的協助和支

援。在創建期間，如果飯店內部設立了專門的品牌管理機構，則以內部為主、外部專業公司為輔來創建品牌。如果沒有，飯店至少也要有專人配合專業公司的工作，因為他們需要一段時間對飯店業和一些飯店的情況有所瞭解，才能使創建的品牌更有針對性和生命力。

這個階段的主要工作是確定品牌定位和品牌個性；確定品牌名稱、設計品牌標誌（標誌字、標誌色和標誌語等）；完成商標的登記註冊；建立品牌識別系統，等等。飯店還應該建立品牌發展規劃，確定在未來的若干年內飯店品牌要達到的目標，這一點很多飯店可能都沒考慮過。品牌定位主要由飯店根據市場調研情況和自身特點來確定，品牌設計等比較專業的工作委託專業公司來完成，其餘則需要雙方配合。以上這些工作至少需要六個月左右的時間，其中商標的登記註冊可能需要更長的時間。

在設計好品牌以後，飯店品牌管理結構需要與採購部門、各使用部門配合，及時與飯店用品供應商聯繫，訂製帶有品牌標誌的飯店用品，包括辦公用品（飯店內部各種單據、標牌、名片、傳真紙、便條紙、信紙、信封、檔案袋、文件夾、記事本、手提袋等），旗幟（管理公司旗幟、成員飯店旗幟、桌旗），飯店客用品（餐具、礦泉水、房卡、棉織品、洗滌用品等）和戶外用品（戶外牌匾、導向牌、車體標誌等）。由於涉及的飯店用品種類很多，要與多個供應商聯繫，同時這些飯店用品的生產和安裝等也要耗費較長時間，因此，需要考慮哪些用品不必印上品牌標誌。

（二）品牌運營期間

這個階段，飯店的品牌管理機構主要負責制定出切實可行的品牌管理制度和質量標準，在飯店內部進行推廣實施，加強品牌知識培訓，保證品牌在飯店內部能得到深刻理解；制定出品牌推廣計劃，透過廣告、公共關係等方式推廣品牌，建立品牌認知度和忠誠度；監控自身的品牌運營情況，研究競爭品牌的特點與競爭戰略，為決策層提供訊息；發現自身品牌的不足，及時進行品牌更新工作；監督本飯店品牌有無被侵權，聯繫工商管理部門處理相關問題，如涉及到法庭訴訟，需要準備相應文件和證據，並聘請律師；及時瞭解註冊商標是否到期，完成

將要到期商標的申請續展工作；適時地聘請專業權威的評估結構，對飯店品牌的價值進行評估，申請成為馳名品牌；組織對飯店品牌的相關市場調查，領導飯店品牌的創新和完善工作。

（三）品牌擴張期間

品牌的擴張往往是一個飯店擴張的重要形式，主要包括多品牌、品牌延伸、對外的品牌特許經營和管理合約等。如果飯店決定採用多品牌，如假日飯店集團的皇冠假日（Crown　Plaza）、假日旅館（Holiday　Inn）、假日快捷客棧（Holiday Inn Express）等，品牌管理部門需要重新經歷幾次品牌創建工作，並需要著重考慮幾個飯店品牌之間的互補和組合優勢，瞭解每個品牌的獲利能力。如果飯店決定進行品牌延伸，品牌管理部門需要重新進行市場調查，分析其可行性，為飯店高層經理決策提供依據。如果涉及到特許經營和管理合約，品牌管理的內容將會進一步增加，這時品牌管理部門需要與負責接管飯店的項目拓展部門合作，使接管的飯店達到統一的品牌標準。

但不管怎樣，這個階段的飯店品牌管理機構都面臨著重組的問題，因為工作的內容大大增加，由一個飯店品牌擴展到幾個飯店品牌，由飯店業務擴展到與飯店相關或不相關的業務上，由一家飯店擴展到若干家飯店，由一個城市擴展到若干個城市。其工作重要性大大增加，也會被廣泛認可，這一點單從品牌的資產價值就可以判斷出來。這一重組是伴隨飯店整體組織結構的調整而進行的，這時原來的個體飯店在形式上或事實上已經具有母公司或總公司的特點，品牌管理機構也適時上升到集團的層面，成為飯店戰略擴張的重要職能部門。這個時候，飯店的高層主管應該完善以品牌為基礎的組織結構，各個業務部門和職能部門應該更多地為品牌管理部門服務，後者在組織中應該具有權威，這時的飯店就會成為一個基於品牌的強大公司。

四、飯店高層管理者的職責

品牌建設的各項工作，必須要得到飯店高層的認可和支援，包括董事會和以總經理為代表的飯店管理層，才能獲得很好的效果，他們的主要職責包括：

（1）給品牌管理部門以適當的飯店內部組織地位。

（2）營造有利於品牌發展的企業文化。

（3）確保飯店對品牌的管理和經營達到專業化水準。

（4）分配給品牌管理部門更多的飯店資源和便利條件。

（5）要求飯店在制定長期規劃時，把品牌發展作為一個重要因素，董事會據此考察管理層。

（6）將品牌資產的評估納入飯店資產的評估中，在經營報表中有所體現。

（7）不斷提升品牌價值，在適當時機啟動品牌擴張計劃，推進飯店經營的多元化、集團化和國際化。

除了組織結構以外，建立基於品牌的企業文化、管理體制等也是十分重要的，這些因素將共同為品牌的創建和發展提供保證。

第二節 如何在日常經營中維護品牌

當一個飯店有了自己的品牌或使用了管理公司的品牌以後，它需要做的重要工作之一就是努力使品牌價值、承諾和標準等透過飯店的產品和服務表現出來，使顧客實際感受到的價值與飯店對外傳播的價值一致。本節我們將探討在飯店內部如何維護品牌的質量。

一、樹立品牌管理的理念，從內部管理的角度建設服務品牌

很多企業的品牌透過有效的傳播獲得了成功，這一點並不受行業和產品特點的限制，包括飯店業在內。我們可以輕鬆地發現知名飯店品牌的廣告，瞭解它們的動態，但這都是表面的現象，甚至是危險的誤區。知名飯店集團的廣告之所以出現在大眾傳媒上，其前提是它們的品牌已經相對成熟，擴大市場的動機十分強烈，而且正以合作、合資、輸出管理、特許經營等方式拓展品牌。實際上，在一個飯店沒有形成完善的品牌管理模式，沒有達到品牌承諾的標準之前，應該以飯店內部的品牌質量管理為核心，而不是「以對外傳播為核心」打造品牌。

飯店產品的品牌屬於服務品牌，它具有自己的一些特性。雖然飯店的地理位

置是固定的，但飯店的顧客在地理位置上可能是極度分散的。因此，飯店品牌建設的要點是透過良好的服務體現品牌價值，用服務本身這個渠道把品牌傳播出去，這往往是飯店品牌獲得真正成功唯一可行的途徑。毫無疑問，做到這一點的複雜程度和難度遠遠超過廣告等傳播手段。廣告所需要考慮的主要是激發顧客來飯店體驗的願望，而服務則是各種細節工作的綜合，有長年累月的一致標準和要求，是飯店員工和顧客之間的一種互動過程，在此基礎上，才可能真正建立一個品牌。例如飯店中的管家部（有的叫做客房部），管家部的工作素以繁瑣、單調和嚴格而著稱，在飯店內都是個不受歡迎的工作——客人永遠接觸不到的角落也要沒完沒了地打掃，客人沒有想到的要為他想到。正是這些員工「管家」一樣的細緻工作成就了飯店的品牌質量。因此，從管理的角度進行品牌建設，而不是依賴「策劃＋廣告」的模式，是值得任何飯店都來嘗試的思路。

二、建立並執行品牌管理系統

（一）編製《品牌管理手冊》

飯店集團或管理公司一般都有一套成文的《管理標準手冊》，這是其向外輸出管理的必備要件之一，其中都會涉及到品牌管理的內容，如《建國國際酒店管理標準手冊》。對於一個致力於打造自己品牌的個體飯店來說，應該借鑑和學習其他行業成功的經驗，有一份成文的《品牌管理手冊》，畢竟品牌在飯店業中的作用十分顯著。這個手冊作為飯店內部品牌管理的綱領性文件，統領各個部門和全體員工創造品牌的價值。只不過這個手冊最初更強調飯店內部的管理，在品牌成熟、價值得到社會認可時，需要及時加入品牌更新、品牌資產評估、品牌的特許經營、品牌延伸、品牌擴張等內容，不斷完善手冊的綱領作用。

1.手冊的編寫步驟

（1）由品牌管理部門或組織來負責協調統籌工作，制定相應的工作安排和計劃，各部門積極配合支援。

（2）這個手冊應該集合飯店全體員工的智慧來編寫，首先透過飯店內部全體員工大會、管理人員會議、文件傳達或聘請相關專家授課等形式，向全體員工傳達一個飯店變革和創新的信號，讓員工從觀念上認同飯店的這一項工作，做好

心理準備。

（3）將手冊涉及的內容項目傳達給員工，充分聽取員工的意見。可以採用員工建議書、座談會、面談等多種形式，讓員工瞭解品牌管理的具體方法、內容、定位和內涵，必須要讓員工認同，認為有必要性和可行性；讓員工熱情地參與，激發他們的積極性並提高重視程度。

（4）在充分考慮各種意見和建議的基礎上，由品牌管理部門或組織提出該手冊的內容框架和編寫的思路、要求等，經飯店主管同意後，安排專人負責撰寫；與各職能和業務部門密切相關的內容，可由該部門負責人撰寫；如果飯店聘請了專業機構設計品牌，相關內容他們會直接提供；如果可以找到其他飯店的類似該手冊的文案，最好參考借鑑一下。總之，務必要使該手冊充分反映本飯店的特點，具有很強的操作性和指導性。

（5）手冊在正式執行之前，應有一個試行的過程。手冊在修改之後，應以總經理或董事會簽署文件的形式透過，保證其權威性。

2.手冊的基本內容

（1）品牌名稱、標誌等視覺識別系統的圖片和相關介紹；

（2）品牌的歷史和發展目標；

（3）品牌的定位、特色和內涵；

（4）品牌的管理部門、管理方式和職責；

（5）品牌的使用範圍、方法和相關要求；

（6）各級員工品牌建設培訓的內容和要求；

（7）各部門落實品牌管理的具體方法和內容。

（二）部門的分工與配合

《品牌管理手冊》提出了飯店品牌管理的綱領，但具體落實會有很多困難，尤其是飯店內的業務部門和職能部門的劃分，造成了事實上的「條塊分割」，而品牌管理注定要打破這種分割。每個部門能否認真執行手冊的規定，關係到其他

部門能否達到手冊的要求。因此，品牌管理的內在邏輯是二線員工間接服務於顧客；一線員工直接服務於顧客；顧客直接體驗到飯店的品牌服務。

每個部門在品牌管理過程中都發揮著不可替代的作用。

1.市場營銷部門

市場營銷部門要準確地向目標顧客傳遞飯店品牌的定位、特色和內涵；各種促銷活動和推廣計劃要圍繞增加品牌價值而展開；要保證飯店的標誌和名稱得到正確規範的使用。

此外，市場營銷部門還要組織人員進行本飯店品牌的知名度、名譽度和顧客忠誠度等方面的調研。調查地點包括飯店內和飯店外；調查對象包括飯店顧客、潛在顧客和飯店員工。同時，還要瞭解競爭對手品牌的情況，取長補短，使自己的品牌更有競爭力。

2.人力資源部門

招聘工作是飯店實現品牌價值的第一個環節。高素質的員工是品牌質量的前提。人力資源部門應該使進入飯店的新員工有能力和條件達到品牌質量的要求，包括儀容儀表、身體素質、文化素質、服務理念、工作態度和價值觀等。例如：香格里拉飯店的宣傳口號是「殷勤好客亞洲情」，那麼新員工應該相應地具有殷勤、好客、熱情服務的品質。

3.培訓部門

培訓活動能夠保證飯店的新員工和老員工都得到品牌管理方面的相關培訓，使員工理解品牌的內涵，並知道如何透過具體細緻的工作體現出品牌的內涵，讓員工掌握對客服務的最高準則，而不是刻板地執行制度。例如，有的飯店推出的「員工授權管理」，目的是給予員工一定的自由度，代表飯店處理非程序性或不常見的服務問題，那麼就必須讓員工充分理解飯店對客人服務的宗旨，這樣他才能有一個處理的原則。

4.對客服務（業務部門）

品牌管理系統應該能夠保證對客服務不受飯店內部門分割的影響，保證服務順利通暢，各部門銜接良好。同時，各業務部門能夠保證員工獲得本職位工作的基本技能，使對客服務水準達到品牌管理的要求。

除以上部門外，相應的制度也是必不可少的。

考核激勵制度能夠使品牌管理系統得到有力地執行，它以品牌管理的標準為考核依據，採用有效的激勵手段促使員工更積極地投入品牌建設。

相對於考核激勵這種品牌管理的「推力」而言，企業文化則是一種「拉力」。它透過將企業文化與飯店品牌內涵的融合，使員工更樂於去維護品牌的質量。例如，飯店的文化推崇「服務是一種美德」，員工就有可能把「職業微笑」變成「真心微笑」，使顧客更真切地感受到品牌魅力。

（三）全員品牌管理

全員品牌管理（TBM）目前還是一個比較新鮮的概念，它用於品牌管理，好比全員質量管理（TQM）用於質量管理。一個成功品牌的塑造，不是一個人、一個部門或一個專業公司能夠獨立完成的，它需要企業全體員工的參與。飯店一線員工對品牌的傳播，只是整個飯店品牌管理系統最末一個環節，是整個系統運營的結果。全員品牌管理的實質是每個員工對客人負責，而不是層層對上負責。有的飯店已經形成這樣的怪圈：員工不怕客人投訴，只怕主管處罰，客人投訴了只要主管不知道就沒問題。

1.飯店的品牌在於細節

飯店的很多工作都是很瑣碎的。單獨來看，其中的每一項工作都似乎可有可無，但就是點點滴滴的細節集結成了獨特的飯店品牌內涵。從飯店規劃的那一刻起，全員品牌管理就開始了。飯店的選址、設計、施工等等都需要處理好細節；正式營業後，員工的儀容儀表、行為舉止、一絲不苟的工作態度等服務細節又都成了關鍵。

客人對飯店的信任就來自每個執行的細節上，床單上或衛生間的一根毛髮、杯子上的一個手印，都可能會抹殺全部的努力。品牌不是廣告打造出來的，品牌

是員工一點一滴做出來的。有了顧客的信任，一個品牌就能獲得長久的成功。

2.用培訓和激勵培養有品牌意識的員工

飯店在入職培訓時，一般會發給員工一份《員工手冊》。該手冊一般只是包括飯店的概況、基本規定和員工的權利、義務等，這對於培養一個具有基本職業素養的飯店員工是很重要的，但離打造一個成功的飯店品牌還有很大差距，《品牌管理手冊》應該作為各級員工培訓的一項重要內容，應用於新員工的入職培訓、升職前培訓、管理培訓等。不同級別、不同職位的員工培訓的重點有所不同，各種培訓活動要體現細節和創新的特點。《品牌管理手冊》應該做到人手一份，員工可以使用內容精煉的簡化本，每個部門應有一份內容翔實的全文案，作為部門培訓的基礎。一線員工和二線員工、業務部門和職能部門可以透過培訓，更好地理解自己的工作職責和飯店共同的目標。

員工的激勵，需要由完善的激勵制度來解決，這一點國際著名飯店管理公司遠比中國飯店做得更好。

3.賦予員工更多的責任和權利

全員品牌管理的切入點是真正以人為本。員工怎樣被飯店對待，客人就可能怎樣被員工對待。「工作專業化導致的人性不經濟性（human diseconomies）會超過專業化的經濟優勢，透過無聊、疲勞、壓力、低生產率、劣質品、經常曠工、高離職流動率等表現出來。」飯店高層經理有必要認真考慮以上這段話。飯店的工作是在於細節，可是否一定要透過細緻的分工來完成呢？過細的分工很容易造成員工的厭倦，造成工作效率低下，員工很可能連自己部門的營業場所都沒有完整地見過，更別提整個飯店了，這對於那些更有進取心的員工是一種傷害。因此，需要創造條件讓員工的工作內容更豐富些、工作方式更靈活些，擴大員工工作活動的範圍，給他們完成一項完整工作任務的機會，給予他們處理一些應急問題的自主權，而不是層層請示批准。例如，有的飯店改變一個客房服務員單獨工作的做法，由兩名員工一起工作，這樣就在心理上降低了厭倦感。

（四）顧客的參與

飯店品牌的建設和管理是一個飯店和顧客的互動過程，飯店需要不斷從顧客那裡得到回饋，這是評價品牌管理水準的一個重要標準。顧客的參與包括多種形式。

（1）《賓客意見調查表》。飯店的房間內一般都有一份這樣的調查表，用於瞭解客人在飯店期間對各項服務的態度。很多飯店把這份表格的作用流於形式，客人也往往視而不見。因此，員工應該以各種形式提示客人為飯店留下寶貴書面意見，及時回收和上交調查表。品牌管理部門應定期統計匯總，找出問題，採納合理建議。

（2）員工回饋賓客的意見和建議。客人對飯店的大部分看法可能是透過零碎的語言表達出來的，是隨機的，沒有經過仔細考慮的。因此，員工在與客人接觸過程中肯定會瞭解到客人的看法。員工應該把重要的情況記錄下來，及時上報，尤其是宴會、會議等客人集中時，更容易瞭解到飯店服務的真實情況。

（3）大廳副理的工作記錄。這份記錄既有投訴，也有表揚和讚美，這些都很重要，不然客人不會反映給大廳副理。一般飯店規定這份記錄要定期匯總投訴和表揚等情況，但能夠看到匯總情況的往往只侷限於飯店高層，應該讓更多的人瞭解這些內容。

（4）定期的賓客意見調查。客人離開飯店後要採用電話、傳真、信函、上門拜訪等形式，對客人進行的回訪。針對重要的客人、公司客戶、會議組織者和旅行社等中間商，要瞭解他們的意見和目前的需求，並向客人傳達飯店改進和提高的訊息。

以上幾種形式中，填寫《賓客意見調查表》是客人最積極的一種參與方式。另外，客人還可能透過其他形式反映出問題，如顧客透過媒體來表達看法、顧客參與有關飯店的各種評選活動等。不管怎樣，飯店可以從多個渠道瞭解客人的回饋，關鍵是如何獲得並有效處理這些訊息。在飯店中往往存在以下一些現象：《賓客意見調查表》流於形式，被員工當作廢紙扔掉；客人的意見到員工那就不再繼續傳遞了，除非出現投訴；定期的賓客意見調查變成簡單的閒聊和促銷；大廳副理不願把真實的情況記錄下來，因為負面情況越多，其他部門越不滿意，飯

店總經理也可能不滿（因為董事會成員可能會據此對飯店管理提出質詢），導致大廳副理的麻煩越多，兩面不討好，最終大廳副理可能會過濾掉重要訊息，記錄上一些不痛不癢的問題，大家相安無事。這些現象使飯店掩蓋了或無法獲得真實訊息，肯定無法保證品牌的質量，當然，這樣的飯店可能根本就不關心品牌。

第三節 如何利用法律手段保護品牌

關於品牌保護，我們更多地會聯想到工商企業，尤其是生產消費品的企業，它們經常面臨著假冒偽劣產品的困擾。在飯店業似乎不用太關心這個問題，因為很少有人會花費幾千萬到幾個億人民幣去興建一家冒用別人品牌的飯店，或把現有的飯店輕易換成別人的牌子。但當一個飯店品牌已經具有令人矚目的市場價值時，有些問題就值得關注了：比如這家飯店的旁邊會出現同一名稱的麵包店、酒樓或餐館等；同一名稱的商品在市場上開始銷售了；在這家飯店有影響力的其他城市會出現同一名稱的飯店等等。如果它們使用同一名稱並沒有違法，這些問題就阻礙了該飯店更深層次、更廣範圍地開發品牌價值的道路，把飯店品牌限制在一個狹小的發展空間內，這無疑是很可悲的。

可口可樂公司曾經宣稱只要其擁有可口可樂的品牌，即使所有的工廠都被毀掉了，他們也會迅速恢復的。這不僅說明可口可樂的品牌價值，更說明該品牌已經得到充分的保護。如果一家飯店從創建開始就投入大量的人力、財力、物力，苦心經營著自己的品牌，想一步步做大做強，走向成功，那就必須學會保護品牌，正所謂「創品牌難，保品牌更難」。品牌的背後是市場，品牌本身更是巨大的無形資產，因此，保護品牌就是在保護自己的市場和無形資產。保護品牌的關鍵在於充分利用法律手段，因為法律具有強制性，具有最強的保護力度。

一般來說，品牌是一個市場營銷的概念，商標則是與法律相關的一個概念。在利用法律保護品牌時，更多地是從商標保護的角度來考慮的。本節主要探討商標和網域的相關法律問題。

一、商標的簡介和分類

中國於1982年8月頒布了《商標法》，實行自願註冊與強制註冊相結合的原則，並於1993年和2001年兩次在中國全中國人大常委會上提出了修改，2002年9月15日起開始施行《中華人民共和國商標法實施條例》。一個國家的市場化程度越高，經濟越發達，商品和服務的品種就越豐富，人們用以區別商品和服務的商標數量也就越多。

從字面解釋，商標是產品和服務的標記或標誌。商標是指由文字、圖形或二者的組合所構成，用以區別不同的生產經營者所提供產品或服務的顯著標記。

商標依照註冊與否，分為註冊商標和未註冊商標。註冊商標，指經國家商標主管機關核准註冊的商標。反之，未經國家商標主管機關核准註冊的商標為未註冊商標。一般情況下，商標採取自願註冊的原則，但人用藥品和煙草製品必須使用註冊商標。註冊人享有商標專有權，受法律保護。使用者對非註冊商標不享有商標專有權，非註冊商標可能在被他人註冊後，使用權轉變，專有權屬於註冊人。註冊商標享有智慧財產權，是一種無形資產，是實施品牌戰略的重要武器和工具。

商標又分為普通商標和馳名商標。馳名商標是指在市場上享有較高聲譽並為相關公眾熟知的商標。馳名商標由於容易受到侵害，因而享有更多的法律保護。

商標一般以  為標誌。 ⓉⓂ 只是表明一個商標，不管註冊與否； ® 代表已註冊的商標； ⓈⓂ 代表服務商標。

二、商標的註冊和續展

飯店在開業前一般會完成企業的登記註冊，領取營業執照，但法律沒有規定飯店必須註冊商標，商標註冊往往為飯店業所忽略。商標的註冊一般應由總經理辦公室或市場營銷部門等派專人完成，或配合商標代理機構完成註冊，並把有關文件，如「商標註冊證」等，作為飯店的重要文件保存好。如果飯店聘請了法律顧問，商標的註冊和糾紛的處理等問題可以交給律師解決。

飯店業毫無疑問地屬於服務業，應該使用服務商標。但有很多與飯店關聯性

很強的產業，它們可能屬於同一個集團，也可能就是飯店的附屬部門或工廠，如飯店下屬的製衣廠、食品廠、飲料廠等，這時就需要註冊相關的商品商標。因此，一個飯店必須考慮清楚自己商標的現在和將來的使用範圍，註冊一個還是幾個商標。

商標的設計首先要符合註冊的要求。當商標設計定稿後，飯店就應及時自行辦理註冊或委託代理機構幫助註冊。註冊過程有時可能耗時較長，尤其在國外註冊，需要早做準備，免得飯店已經營業、相關商品已經生產，可商標還沒註冊下來。首先，商標必須要在中國成功註冊，然後才可能到國外註冊，有的國家還需要企業在本國的註冊證明。

商標註冊不僅是履行必要的法律程序，也是為日後申請馳名商標做好準備。目前中國未註冊馳名商標的保護還有待完善，即使是馳名商標，如不註冊也很難享受馳名商標待遇。

案例4-1

未註冊商標「小肥羊」，享受馳名商標待遇

2004年底，一場關於未註冊商標究竟應不應該成為馳名商標，是否應該受到擴大保護的大討論，成為北京智慧財產權保護界人士密切關注的事情，討論的焦點是內蒙古小肥羊餐飲公司的「小肥羊」商標。近年來，馳名商標的保護一直是中國商標工作中廣泛討論的熱點話題，對已註冊馳名商標的保護，在中國經歷了一個逐步完善的過程。但是，未註冊馳名商標如何享受「同等」待遇，去年的「中化」、「小肥羊」幾個商標案件，將這一問題提到重要日程。2004年11月12日，未註冊商標「小肥羊」被國家工商總局商標局認定為中國馳名商標，但是，緊隨而來的問題就是未註冊馳名商標怎樣才能得到有效的法律保護，畢竟這樣的案例在中國商標史上是不多見的。2004年，國家工商總局商標局在保護註冊商標專用權的行動中，嚴厲查處侵犯馳名商標權益的案件，共認定62件馳名商標。

*資料來源：《中國智慧財產權報（商標專刊）》網路版，網站
http://www.trademark.gov.cn，2005-1-7

商標專用權的保護具有地域性或時間性的規定，這種保護只在本國或有限地域範圍內有效，而且是先註冊者享有該權利。因此，一個飯店如果準備在哪些國家或地區拓展業務，就應該及早辦理商標註冊事宜。但飯店業與生產普通產品的企業不同，一個飯店很難輕易到國外投資建飯店，或是透過特許經營等形式推廣自己的品牌，但如果不使用，在某些國家是難以註冊的。在國外註冊時，可以向世界性的商標締約組織「馬德里協定國」（擁有46個成員國）等國際組織遞交申請，擴大保護範圍。從目前情況看，中國對歐盟和美國的貿易中，繼反傾銷、特保措施、商品生產社會標準之後，智慧財產權保護又成為一個不可忽視的問題。歐美企業透過專利封殺或商標搶先註冊的方式阻礙中國產品的海外生產和銷售。這一情況對於面臨跨國經營的飯店業來說，必須認真對待。外國的飯店集團完全有可能採用類似的方式阻礙中國飯店集團的國際化進程，中國的飯店需要提防這些國外競爭對手的「算計」。

商標成功註冊後，並不代表企業可以永久獲得該商標的專有權，還面臨著一個到期續展的問題。中國《商標法》第37和38條中有明確規定：「註冊商標的有效期為十年」，企業應該在期滿前六個月內申請續展註冊，可以繼續獲得十年的保護，續展次數不限；在此期間，沒有提出申請的，可給予六個月的寬展期；寬展期滿仍未提出申請的，其註冊商標將被註銷。因此，只要企業及時續展，就可以無限期使用註冊商標。

三、正確使用註冊商標

企業商標註冊成功只是第一步，之後還要懂得如何正確使用。

首先，各國商標法都有明文規定，商標註冊後應該在規定年限內（中國的規定是三年）投入商業使用，即在註冊國實際生產或銷售帶有註冊商標的產品，在媒體上刊登商業廣告等。如在規定年限內不使用註冊商標，又無正當理由，商標將被商標管理部門主動或依據第三人的請求註銷。因此，一個新建飯店可以在正式施工前就申請註冊，開業後投入使用，保證註冊工作及時完成又按規定使用。

其次，投入使用的商標要與批准註冊的一致。如果擅自使用與該註冊商標類似的「近似」商標，就違反了中國《商標法》第44條對商標使用的規定，其行為構成了「自行改變註冊商標」，註冊商標有可能被撤銷。需要注意的是，各國商標法一般對商標顏色有明確規定，如果註冊黑白商標，適用於各種顏色；如果註冊了彩色商標，使用的顏色必須與註冊的一致，否則將被視為自行改變註冊商標。

第三，商標的使用範圍與註冊時的商品或服務範圍應一致，使用者如果超範圍使用商標，即使用於類似的商品或服務上，該商標也可能被取消註冊。因此，飯店應明確自己的經營範圍，哪些是主業，哪些是副業，然後按規定使用一個或幾個商標。如果一個飯店註冊的是服務商標，使用範圍僅限於客房、餐飲和娛樂等服務，那麼飯店就不能把該商標用於生產的礦泉水上，而且該商標如果與市場上的某品牌礦泉水的已註冊商標相同或類似，誤導了消費者，還可能侵犯別人的商標專用權。因此，不正確使用自己的商標也會受到處罰。

第四，企業轉讓商標使用權時，應按法律規定簽訂許可協議並在國家商標管理部門登記備案，對商標的使用情況進行監督，以防不當或違法使用商標給企業造成損失。

四、防止他人冒用或註冊相同或相似商標

企業在自己合法地註冊和使用商標時，也要監督本企業商標有無被侵權情況。遇有未經授權，冒用本企業商標或標誌的情況，企業應用法律手段積極處理。對於一個飯店來說，本企業商標被冒用在其他的產品或服務上，不利於企業擴大經營範圍或多元化經營；冒用在飯店業務上，又不利於企業拓展特許經營或合約管理。這種做法會造成本企業知名品牌的模糊和淡化，容易誤導消費者，使其誤認為該商品或服務與知名品牌之間有某種聯繫，從而損害品牌價值。可以做個假設，如果法院允許或放任社會上的各種餐館、酒樓和快餐店等使用「香格里拉」的牌子，那麼用不了幾個月，該知名飯店品牌將會變得一文不值，以後人們在提到「香格里拉」時，必須要說明是某某「香格里拉」，「香格里拉」將不再具有唯一性。因此，企業要及時發現並證明侵權行為，協商解決或向法院提起訴

訟。

另一種情況是，有的企業有意或無意地註冊與現有商標相同或類似的商標，從而影響到現有商標擁有者的利益。因此，需要及時關注商標管理部門的有關公告，對於已經註冊但不滿一年的相同或類似商標，可以提出異議。為了避免這種情況，企業可以在同類或相似的商品或服務上註冊若干相同或類似的商標，不給他人投機的空隙。

五、申請認定馳名商標

馳名商標保護制度來源於《保護工業產權巴黎公約》。1925年「馳名商標」這一概念被正式確立，主要用於當商標法不能有效保護某個商標時，採取馳名商標的特殊保護方法，加大保護力度和保護範圍，保護商標所有者的合法權益。

中華人民共和國《馳名商標認定和管理暫行規定》對馳名商標的保護做出了明確的規定，主要體現在以下三方面。第一，在馳名商標申請註冊方面，不適用申請在先原則。第二，在阻止他人註冊方面，損害到馳名商標註冊人利益的，不管該商標是否在中國註冊，馳名商標註冊人都可以申請駁回他人的註冊。第三，馳名商標享有更高程度的保護。

申請馳名商標是有嚴格標準的。中國於1996年8月14日頒布實行了《馳名商標認定和管理暫行規定》，其第一條規定：「本規定中的馳名商標是指在市場上享有較高聲譽，並為相關公眾所熟知的註冊商標。」因此，目前在中國申請認定馳名商標要首先是註冊商標（「小肥羊」等只是特例），然後經過商標管理部門的認定，才能成為馳名商標，否則不管該商標有多高的知名度，都只能作為普通商標。由於中國是《保護工業產權巴黎公約》的締約國，因此在中國認定的馳名商標，按規定同樣會受到其他締約國的保護。因此，對於一個飯店來說，如果已經具備了馳名商標的基本條件，就要按規定提交相關的材料，及時申請認定。

案例4-2

「香溢」（酒店）榮登浙江省知名商號榜首

由浙江省工商行政管理局主辦的2004年浙江省知名商號的認定活動揭曉，1月12日《浙江日報》刊登了由省工商局發布的「2004年度浙江省知名商號認定公告」，認定杭州香溢大酒店股份有限公司持有的「香溢」（酒店）企業商號為浙江省知名商號。在今年浙江省知名商號認定活動產生的139件企業商號中，「香溢」（酒店）是其中唯一的飯店商號。

商號即企業的名稱字號，是企業名稱顯著區別於其他企業的標誌性字詞。浙江省的知名商號在中國全省範圍內受保護，未經其所有人同意，其他企業名稱不得使用相同或相近的字詞作商號（字號）。浙江省知名商號的所有人可以在牌匾、包裝、說明書上標註浙江省知名商號的字樣，可以使用知名商號進行廣告宣傳。今後在浙江省範圍內，未經杭州香溢同意，飯店賓館不能隨意取「香溢」為名。

此次知名商號的認定，是按照公正、公平、公開的原則，從申請企業的知名度、名譽度、忠誠度、聯想度等方面出發，加以評審認定。認定條件包括企業名稱字號需具有獨創性，為相關公眾所熟知，具有較高的市場認知度和信譽度；產品或服務基本涵蓋中國全省或輻射不少於五個以上的其他省、直轄市、自治區；建立科學完善的企業生產管理體系，近三年無重大事故，無違反工商行政管理及其他法律、行政法規和規章而受到立案查處等等。

作為「香溢」（酒店）知名商號持有人的杭州香溢大酒店，是浙江省煙草系統首家高星級酒店，一直注重走品牌化發展道路，經營管理成績卓著。在公益形象活動、宣傳報告工作、餐飲多樣化特色經營、經營新理念、服務創新、後台管理、綠色管理、輸出管理等方面，不斷打造新亮點，提升「香溢」名譽度，社會影響廣泛，在業內外有較大知名度。目前，在中國全省已引領聯名發展了23家香溢聯名賓館飯店，形成了浙江省品牌聯名飯店數量最多的旅業集團「香溢旅業」，使「香溢」品牌商號聲名遠播。

*資料來源：楊超文，載於《中國旅遊報》第9版，2005-2-2

六、網域的註冊

　　網域簡單地說就是網址，就是企業或一個組織的網路地址。網域的作用與品牌有很大的相似之處。品牌的作用主要是在現實環境中把提供相同或類似商品、服務的不同生產者、服務者區別開來。而網域則是在虛擬環境中進行區分和查找的線索和根據。每一個網域都對應著一個特定的企業或組織，都有某一特定的網路資源。因此，網域和品牌一樣，具有極大的商業價值。

（一）獨立網域的戰略意義

　　目前中國很多飯店都認識到互聯網的作用，但更多的是考慮其銷售功能，擁有獨立網域的飯店還不多，大部分飯店必須在一些綜合性的網站才能找到，如×××旅遊網等，而且只有零散的過時的網頁，對查詢者的幫助不大；還有不少飯店加入了攜程、e龍等專業飯店銷售或旅遊網站，與網站聯合銷售客房。即便擁有獨立網域的飯店網站可能也問題重重，如：只有簡單的飯店介紹，不能及時更新房價等重要訊息，無法提供真正的預訂服務，還須電話確認等。

　　在國際互聯網上，每一個網域都必須是唯一的，就像每個公民的身分證號碼一樣，具有絕對的排他性，而且網域的註冊也是採用「先註冊先占有」的原則，先註冊者就將擁有其專有權，其他任何人不得使用。因此，對知名品牌而言，網域一旦被搶先註冊後果就很嚴重。搶先註冊行為還會引起知名品牌的淡化和混淆。

　　因此，不管怎樣，擁有一個獨立網域是很重要的，等於在互聯網上有了立足點，在法律上得到了保護，為將來的品牌推廣和擴張掃清了網路障礙，對於飯店這種顧客遍及世界各地的企業來說具有深遠的戰略意義。網站功能可以慢慢完善，網域註冊可是時間不等人。因此，其戰略意義遠遠超過其實際功能。在這一點上，國際知名品牌領先的多，它們不僅在全世界「跑馬圈地」，大力拓展其各種品牌，在互聯網上也占得先機。它們的網站更容易搜尋到，只要登陸一下雅高集團、香格里拉集團的飯店網站，再對比一下中國飯店的網站，就可以看出其中的差距。

（二）品牌保護的關鍵在於及早註冊

　　對於中國的飯店來說，網域註冊還是個很新的概念，恐怕很多飯店還沒有完

成商標註冊的工作。目前，對有爭議的網域提出仲裁申請並非最佳解決方案，因為適用的新法律法規還需要時間來完善。對於一個有遠見的飯店來說，應該選擇一家有資質的網域註冊代理機構（目前中國有.CN和.COM兩類網域代理機構），「未雨綢繆」，儘早註冊，要做好自我保護。

第四節 如何進行飯店品牌危機的管理

一個品牌從創建到成熟需要經過較長的時間，接受很多的考驗，就像一個人的一生一樣，也面臨著生老病死等問題。因此，對飯店品牌發展過程中可能面臨的危機有所估計，並盡量避免。我們這裡探討的不是那些不可抗拒的自然災害或社會危機，如地震、水災、火災或戰爭、恐怖主義、「非典型肺炎」、禽流感等，而是飯店日常經營中每天都可能遇到的，並且可以透過飯店自身努力或借助外力得到解決的。

一、個體飯店所面臨的危機種類

（一）引起品牌危機的安全問題

1.飲食安全

中國雖被譽為「美食王國」、「烹飪王國」，但在食品的認知觀念上還比較落後，對食品的評判過多地或片面地強調感官體驗。這一問題在飯店經營管理中也普遍存在。對於飲食來說，第一重要的是安全，其次是營養，然後才是「色香味形」。飲食安全問題主要表現在：食品或飲料過期、變質，例如客房中提供的小食品或飲料，容易出現這類問題，而且服務員一般只檢查數量，不會留意生產日期等問題；飲食中有頭髮等異物，可能是由於工作人員的問題或加工環境等原因；食物中毒或輕微的腹瀉等問題在大型宴會、酒會等活動容易出現。其他的隱患還包括：工作人員本身有傳染性疾病，不符合職位的工作要求；消毒設備沒有配備齊全或使用不當，餐具消毒不徹底；加工環境和加工過程不符合衛生標準等。

2.裝修材料、用品的安全

裝修材料、家具、地毯等物品的安全問題在客房尤其重要。例如，有的飯店為了儘早營業，往往在客房裝修後不久就投入使用，而有的材料在一年或更長的時間內都會釋放濃烈的有毒氣體，對客人身體會造成很大危害。

3.客人的人身意外或自殺

飯店中客人出現摔傷、燙傷、昏迷或死亡等情況並不少見，有些是因為飯店原因造成的，如地面濕滑時，沒有放置相應的提示牌；客人在房間出現意外，飯店員工沒有及時發現；游泳池員工疏忽，在客人溺水時沒有及時搶救；由於飯店的電梯有故障，將客人困在裡面。即使是客人故意選擇在飯店房間自殺或跳樓自殺，對飯店也會造成重大影響，尤其是知名人士。

4.盜竊

盜竊包括外部人員盜竊和員工盜竊。這個問題幾乎難以避免，飯店雖然有監控設備和保安，但不能隨意盤查飯店內的人員，發生在房間內的盜竊更不容易發現，飯店的經營特點給盜竊者留下了可乘之機。尤其是筆記型電腦、現金、首飾等貴重物品，應存在保險箱內，一旦丟失，後果嚴重。例如，上海市曾經出現過一個專門在飯店內盜竊的集團，他們先以看高檔飯店房間的名義踩點，然後選擇目標後入住飯店，用事先準備好的贗品把房間內的珍貴字畫替換後帶出飯店，作案手法相當隱蔽。員工盜竊也有很強的隱蔽性，更難防範。另外，有些情況難以分清責任，客人也會很氣憤。例如，客人退房離開飯店後，打電話聲稱有一對貴重耳環和一個髮夾遺忘在床上，而房間已經全部打掃完畢，床單已被換下，服務員承認沒及時報告，但只有髮夾，沒有耳環。

5.火災

火災主要指飯店內的火災，這可能是飯店最嚴重的安全問題了，沒有哪個飯店不在火災後遭受重創的。輕微火災事故，使客人受到驚嚇，如果被消防部門知道，會責令停業檢查。如果嚴重一些，不得不求助消防人員滅火，這家飯店基本就毀掉了，不僅是指建築物，更是指它的市場信譽。現在新聞媒體比以前的滲透和影響力更大了，飯店發生火災是很難像以前那樣隱瞞過去的。這方面的例子很多，有的飯店火災後就不得不改名，以求生機。

安全方面的危機，還源自包括水、空氣等沒有達到清潔衛生標準所引起的問題。

（二）引起品牌危機的其他問題

1.大眾媒體的新聞報導

媒體的新聞報導對品牌形象造成的不良影響，一種是對飯店真實情況的報導，包括飯店的服務中出現的問題、管理中的混亂等；另一種是對飯店情況的歪曲失實的報導。這些報導可能源於顧客、員工等飯店的利益相關者為了維護自身利益向媒體的反映，也可能是出於媒體本身對相關問題的關注，在報導前採取了實地調查和暗訪等形式。新聞媒體既可能促使危機升級，也可能協助飯店化解危機。負面的新聞和報導會迅速損害品牌形象，導致公眾對品牌失去信任。

2.不合理的服務價格

飯店的很多服務價格要比社會的平均水準高很多，但也應遵守相關法律法規的規定，合理定價，否則會被認為是在牟取暴利。例如，社會上複印一張A4紙的價格不會超過5角錢人民幣，但高星級飯店內的價格可能在10元人民幣左右或更高，有的飯店會以行業通行價格水準為藉口。例如，有的飯店制定了一個房間內的上網價格，規定每五分鐘為一個計費單位，可由於飯店網路十分糟糕，經常出現不到五分鐘就斷線的情況，而電腦系統仍按一個計費單位來收費，這樣客人的帳單價格就無端地多出數倍。一個小時上網的價格達到幾百元人民幣，客人看到帳單時肯定會目瞪口呆。以上這些服務項目都不是飯店的主要收入，一個飯店如此做法肯定會因小失大，這不是飯店經營的思路，而是街邊小販的做法。因此，越來越多的客人會對此產生不滿，會向相關部門投訴或到法院起訴。

3.違規經營

飯店內往往都有各種娛樂場所，尤其是夜總會、美容美髮、歌舞廳等，一般都是飯店出租給別人經營，目的是想避免承擔可能出現的法律責任，但往往對承租者的非法經營活動採取熟視無睹或縱容的態度。更有甚者，飯店管理人員會與之勾結，為其提供飯店房間客人的詳細名單，名單上的客人都有可能受到電話甚

至上門騷擾。另外，飯店房間有可能被用作賭博等違法活動場所。這些情況的出現，必然使警察更頻繁地出現在飯店內。

4.財務危機

飯店可能出現逃稅漏稅、貪汙舞弊等問題，這樣很可能被媒體曝光。三角債務、呆帳死帳或巨額虧損等問題，導致現金流不暢，使飯店的供應商等對飯店信譽產生懷疑，銀行等債權人會加緊催款，進而導致該飯店破產倒閉或被拍賣、收購等。例如，有的飯店由於經營不善，欠下了煤氣公司的大量應付款，於是飯店冬季的能源供應出現問題，飯店內的溫度已經到了讓人感到寒冷的地步。

5.管理層的離職

這裡尤其指高層管理者的離職。飯店是個員工流動性很大的行業，但管理層的離職往往造成極大的影響，甚至使整個飯店的管理陷入混亂和癱瘓。管理層的離職，一種情況是業主自行管理時，聘任的管理人員在一個時期內連續地大量流失；另一種情況是，業主聘請了管理公司，但由於雙方合作的問題，導致管理公司大量更換派出人員，甚至是管理合約沒有到期就全體撤出。

6.勞資糾紛等問題

飯店可能會在員工工資、待遇和福利等方面與員工發生激烈衝突，導致員工採取各種手段爭取權益，甚至以過激行為報復飯店，使飯店成為公眾關注的焦點。在某些飯店中，存在各種壓榨員工的行為，包括經常拖欠員工工資，剋扣離職員工的應得工資，沒有「三險一金」和加班費，享受不到法定節假日和帶薪休假的權利，甚至女員工的生育權利都無法保障等。在「非典型肺炎」期間，飯店業大量裁減員工，很多飯店沒有給員工任何補償，其理由簡單而冷酷——因為非典型肺炎，非典型肺炎成為這些飯店辭退員工堂而皇之的藉口，甚至是求之不得的機會。而同樣遭受911事件後的美國飯店業，在考慮解僱員工時，卻不會如此輕鬆。

（三）品牌危機的最終結果

以上各種影響飯店品牌的危機最終都可能演變為市場危機、法律危機和社會

危機。

　　市場危機，主要指一個飯店品牌在客源市場上已經失去或即將失去它的品牌名譽度和顧客忠誠，而且品牌知名度越大，其損失越嚴重。市場危機不僅意味著客源數量大幅減少，而且會引發一些連鎖反應，使飯店的品牌價值迅速下降，品牌的經營和擴張面臨危機。如果該飯店主要依賴當地客源市場，這種危機就會迅速傳播，則該飯店可能面臨毀滅性打擊。

　　法律危機，主要指一個飯店由於沒有妥善處理危機事件或存在違法活動而面臨的法律制裁，包括客人、員工、投資者、供應商、旅行社等中間商、其他飯店等在內的個人和法人對該飯店提出的法律訴訟和相應要求。這些訴訟主要涉及《消費者權益保護法》、《合約法》、《反不正當競爭法》和《物價法》等法律法規，可能導致該飯店承擔大量的民事賠償責任、違約責任、侵權責任等，至少會使該飯店損失金錢，甚至停業整頓，直至破產倒閉。

　　社會危機，主要指一個飯店存在影響公眾利益或違背社會道德準則的行為而受到公眾的關注，公眾對該飯店施加了各種影響。社會危機一般都是透過大眾媒體的廣泛傳播形成的，如環保問題、消費者權益保護和勞動者權益保護等問題都是公眾關注的焦點。新聞記者、行業協會和政府管理部門會透過實地調查和暗訪等形式瞭解實情，這時該飯店就必須面對大眾的監督，這很可能使該飯店在當地社區和整個城市內社會形象嚴重受損。

　　市場危機更多的是與飯店的顧客有關；法律危機涉及的範圍往往包括飯店的顧客和各種利益相關者；社會危機則來自公眾的參與。實際上，這三種危機可能互為因果，一種危機的出現可能導致其他危機的出現，當危機足夠嚴重時，這三種危機肯定會同時出現，就像某些疾病的併發症一樣，會讓飯店難以應付。例如，一個飯店如果沒有處理好客人在飯店內受傷的事件，客人可能向法院起訴並提出巨額索賠，使該飯店陷入法律危機；經過媒體的曝光，該飯店的市場形象嚴重受損；如果是公眾人物，更容易引起公眾的關注，公眾可能站在受傷顧客的立場，嚴厲譴責該飯店。

　　二、飯店品牌危機管理的策略和方法

現代企業不可避免地要面對危機，就如同人的一生不可避免地要經歷疾病和死亡。對於飯店業來說，更是如此。正像我們在前面剛剛列舉出來的各種危機，我們完全可以預料到飯店品牌的危機成因和後果，這些危機在現代飯店業一百多年的歷史中已經被無數飯店所經歷過，我們只是不能確認每次危機發生的具體時間、形式和後果，因此，不存在太多的「摸著石頭過河」的問題。危機的防範措施不會落空，應該做好充分的準備。目前，中國飯店業在日常經營管理中還缺乏危機管理的內容，員工依賴上級主管解決危機，主管依靠經驗解決危機，甚至經常採取迴避、逃避等消極方式解決問題，這是難以奏效的。無論從品牌經營的戰略角度，還是從日常維護的角度看，建立並完善危機的預防和應對機制，對一個品牌或一個飯店的長期發展意義深遠。

（一）危機預防策略與方法

1.完善內部管理

從以上列舉的危機類型中我們可以發現，大部分品牌危機是可以透過內部的管理程序避免的。因此，需要貫徹和執行嚴格的管理制度，把管理制度的要求寫進各個職位的職位職責和工作流程中。在安全方面，要建立飲食儲藏和保管制度、飲食質量檢查制度、消毒設備管理制度、衛生防疫制度等，以及消防安全制度、財產安全制度、人身安全制度、裝修材料安全制度、設備安全制度等。可以考慮建立安全管理委員會，對飯店的安全工作統一管理。對於一些專業性較強的安全管理工作，建議聘請專職或兼職工作人員來完成。例如食品安全的檢驗人員，大部分飯店沒有人做這項工作，更別提設立這一職位。專門的檢驗人員可以隨時檢查飯店飲食的安全情況和品質標準，為飲食安全管理提供建議，也可以為相關的糾紛提供有力的證據，而且這一職位本身就反映了飯店科學化和標準化管理程度的高低。

另外，財務危機、違規經營和勞資糾紛等問題，都可以透過內部管理減少發生的可能性。這些問題之所以在飯店業中經常發生，只能說明飯店業在現代企業制度方面還很不完善，飯店的業主或管理方習慣性地輕視某些問題。不可否認的一點是，誰都知道完善的制度可以堵塞管理中的漏洞，但很多飯店從來不致力於

制度的建設和執行。因為當權者很清楚，完善的制度會束縛住自己的手腳；制度的缺失給「人治」留下巨大的空間；當權者可以更加肆無忌憚地謀取私利；下級永遠要請示上級；上級的個人意志就可能成為實際存在的規則，從而取代制度。毫無疑問，如果解決好內部管理的問題，我們下面的文字在多數情況下就是多餘的了。

2.建立危機處理機制

飯店應該建立並不斷修正各種危機的處理流程，如食品中毒事件處理流程、客人財物被盜事件處理流程、員工罷工事件處理流程等。前面的各種制度只是告訴員工日常管理的標準和方法，但在危機發生時，由誰處理、如何處理和各部門的協調配合等，須有詳細的規定，告訴員工如何處理危機。每一種危機都應該由分管相關工作的飯店最高管理者負責，由其組織整個危機的處理和善後工作。如出現管理層的癱瘓，需要由董事會親自解決。一般來說，危機的處理流程不宜太細，但必須要明確處理的原則、處理的方法並分清責任。

3.危機培訓與模擬演習

首先要說明一點，整個飯店業人員整體素質的低下對危機的預防和處理是一種限制，危機的管理顯然比日常的管理需要更高超的能力。飯店業對員工的培訓更多的是飯店規定、禮儀禮貌和職位服務技能方面的，員工也比較重視，因為這與他們的飯碗息息相關。除此以外，與危機有關的僅限於消防安全知識、財物安全等少量內容。員工往往被告知，遇到無法解決的問題時向上級報告。可實際上，各種所謂的「上級」主管也沒有足夠的經驗，也沒有經過專業的訓練，甚至沒有起碼的法律常識，依靠這樣的「上級」怎能解決好危機！

因此，飯店必須有針對性地對各級員工做好專業培訓，要致力於培養員工的憂患意識和危機意識，尤其在員工的入職前和平時的培訓中。除了理論方面的培訓，飯店還應該舉辦一些模擬演習的活動，以檢驗培訓效果，加強實戰能力。

4.樹立良好的公眾形象

飯店平時要注重在所在社區和城市建立良好的公眾形象，與所在社區和諧共

處，這樣有利於在出現危機時贏得公眾的支持。飯店可以透過派人參與公益活動，為社區活動提供支援和贊助，利用節日舉行聯歡活動等形式與公眾建立良好關係。一些國際知名的飯店集團就對員工參與社區公益活動有明確的要求——每年必須達到一定的小時數。

飯店平時要注重顧客對服務和管理的參與，透過各種形式瞭解顧客的不滿和意見，從而找出可能存在危機的地方。飯店的各個服務職位都應該注意收集顧客意見，並透過飯店內的各種渠道來統計匯總，然後回饋到相關部門，按照回饋的問題完善服務和管理，把改進的結果透過各種渠道傳遞給顧客。

飯店還應該與當地的消費者協會、工會、婦聯、旅遊飯店協會等有關社會團體建立聯繫，及時瞭解這些協會或團體的動態，並讓其更多地瞭解飯店。尤其是消費者協會，顧客對飯店的不滿很可能會反映到該協會，因此，需要飯店與之更好地溝通。

在品牌的日常管理中，飯店還要注重與媒體保持良好聯繫，平時主動為新聞媒體提供一些有價值的新聞，使媒體對品牌形象有比較準確、全面的認識，建立媒體對飯店的信任關係。這樣，當危機爆發時，在信任和瞭解的基礎上，這些媒體對品牌危機的報導就會比較公正、客觀，與媒體的溝通也會比較快速、容易，從而為處理危機贏得寶貴的時間。

（二）危機處理策略與方法

1.啟動危機處理機制

首先，按照事先制定的危機處理流程，由總經理做總負責人，由分管相關工作的副總經理做執行負責人，抽調相關部門的管理人員任組員，組成危機處理小組。然後，由危機產生時在現場的員工向小組彙報相關情況，小組根據情況說明和實地調查，查明危機涉及的人員情況，判別危機產生的原因和可能影響的範圍，在此基礎上制定解決危機的具體處理方案，安排小組成員的分工和任務。最後，積極組織飯店內部力量和利用外部幫助具體實施處理方案，首要的是阻止危機的蔓延和擴大。這一程序主要適用於相對較輕的危機，或飯店遭受侵害時。

如果是出現食物中毒、人身死亡或火災等重大事件，必須要第一時間報告防疫站、公安局或消防隊等部門，這時危機處理小組的主要工作是配合相關部門完成事件的取證、調查等工作。之後，按照有關部門的處理意見和當事人的要求，提出相應的處理方案。

2.充分利用各種溝通渠道

危機意味著要處理一些棘手的問題。面對危機，飯店需要與公眾進行足夠的溝通，以消除公眾的誤解和猜疑。這種溝通本身就是危機處理的一部分，涉及到與危機有關的各個方面，主要包括受害者、政府管理部門、新聞媒體、各種協會組織和內部員工等。

與媒體的溝通時，應該給予權威的新聞媒體足夠的報導自由，為其報導提供便利，因為媒體的背後是公眾輿論的壓力。飯店可以指定一個專門的新聞發言人，及時通報飯店處理危機事件的態度、調查情況和處理進程等動態訊息，向媒體提供全面、客觀的訊息，透過媒體向受害者賠禮道歉，以免其採用暗訪或猜測等形式對飯店造成不利影響，加劇危機的惡化。飯店要隨時關注透過媒體所反映出的公眾輿論，以便修改解決危機的措施。

媒體在危機處理過程中有雙重作用。當飯店的品牌形象遭到侵害時，更需要媒體的幫助和保護，需要透過媒體向公眾說明事實，聲討侵權者，表明飯店維護權益的決心，以爭取社會輿論的支持，消除各種誤解，挽回市場形象，為採取法律手段保護權益爭取時間。

與政府管理部門溝通時，應當由飯店的主要負責人出面，及時彙報事件的起因和經過，說明飯店的態度和解決措施，以獲得這些部門的理解和支持，在做處理決定時能夠考慮得更全面。

3.危機善後工作

飯店主要負責人應該及時透過媒體告知大眾，危機已經得到圓滿解決，感謝有關各方的支持。同時，應該展開一系列的公關和廣告活動，重塑市場形象，贏得顧客的信任。如果是飯店內部危機，應該以正式方式告知全體員工，使員工重

新恢復對飯店的信心。

　　不管怎樣，經過一次危機之後，飯店會積累更多的處理危機的經驗，飯店應該很好地總結經驗和教訓，剷除產生危機的根源。同時，要表彰為飯店做出貢獻的員工，重新修訂各種危機處理流程，以更好地應對下次危機。

　　綜上所述，可以看出，品牌的危機管理是一項複雜而長期的任務，很難找到一個確定的解決模式，或者一套相對固定的處理程序，只能在具體工作中不斷完善，不斷積累經驗，逐步提高危機的處理能力。

第五章 如何提升飯店品牌

導讀

　　飯店品牌在經過生存的考驗後，仍面臨著發展和提升的挑戰。本章探討如何提升品牌的價值。第一節，探討如何對品牌現狀進行市場調查，這是提升品牌的基礎性工作，為後面的決策提供依據。第二節，探討品牌知名度和名譽度的內涵、作用和提升的方法。第三節，在建立知名度和名譽度的基礎上，探討品牌忠誠的內涵、作用和提升的方法。第四節，探討品牌創新的內涵和時機，並從品牌管理模式、品牌文化、品牌形象和定位、產品和服務創新等角度分析品牌創新的方法。

第一節 如何對品牌現狀進行市場調查

　　飯店品牌經過一段時間的市場考驗，肯定會暴露出各種問題，這時需要對品牌現狀進行修訂和完善。為達到此目的，應及時對品牌的現狀進行細緻的調查和統計分析，進而為下一步提升品牌價值提供決策的依據。

　　一個飯店可以自行完成調查，也可以委託專業市場調查諮詢公司。一般來說，委託專業公司的費用可能較高，董事會可能沒有這項預算，經理人也更願意把預算花在迅速見效的促銷活動上。而且，很多飯店的客源市場以當地為主，調查起來相對方便。由於每天都有大量的客人在飯店消費，飯店一般都有詳細的客人資料，這也為調查提供了便利條件，同時，飯店自行調查不會有洩漏客人資料的危險。因此，常規的品牌現狀調查由飯店自行完成相對較好。如果該飯店有重大的品牌經營戰略，如準備進入新的目標市場、推出新品牌或投資新的項目時，

借助專業調查公司還是十分必要的。

飯店也可以參加政府有關部門、行業協會、新聞媒體等組織的各種有關品牌的評選和調研活動，從而為自行調查積累經驗，也可以瞭解行業內外的品牌發展水準。如果一個飯店是某些大中專院校的實習基地或與之有很好的關係，可以與之聯合進行調查，作為學生實習的內容之一。

一、確定調查目標

每個飯店的具體情況不同，飯店品牌的發展目標不同，所以每個飯店應該根據自身情況和品牌發展目標來確定每次的調查目標。這種調查可以定期進行，如每年一次或幾次，也可以在品牌危機結束後，或某次大規模的公關宣傳活動後進行調查，以瞭解特定事件對品牌的影響，這種調查往往更有必要性。關於品牌現狀的調查目標主要包括：瞭解飯店內部品牌管理現狀，客人對飯店品牌的認知情況，飯店品牌與競爭品牌的優勢和劣勢，品牌在行業中的地位和品牌在社會公眾中的影響等。在此基礎上，飯店的決策層和管理層才能更好地掌握本飯店品牌的發展現狀，預測發展趨勢，對品牌的設計、品牌定位、品牌傳播和品牌的管理模式等進行必要的調整。

二、確定調查對象、調查內容和方法

（一）調查對象

（1）飯店客人：飯店的銷售部門一般會把客源按類型劃分為商務散客、VIP客人、會議客人、公司客戶、團隊客人、長住客人、新客人和回頭客等。飯店的客人是最重要的調查對象，具體如何劃分，每個飯店須按照自己對客源市場的劃分來確定。調查對象的比例應該與飯店客源構成比例大致相當，這樣可以瞭解不同類型的客人對於飯店品牌認知的差別，使品牌的改進與提高更有針對性。例如，一個飯店30%的客人是公司長住客人，30%是會議客人，30%是商務散客，說明它是一個比較典型的商務飯店，就沒有必要考慮旅行團隊客人了，其選擇調查對象的比例也應大致如此。

（2）飯店內部調查對象：包括一線員工、二線員工、培訓人員、管理者。

品牌調查在一線和二線員工之間會有所差異，尤其應瞭解到培訓人員和管理人員對於品牌的認識和執行情況。如果對他們的調查結果不能令人滿意，就說明飯店的品牌管理現狀問題較大。

（3）飯店的競爭者：主要是所在城市內同類型同檔次的飯店，它們與本飯店構成競爭關係，因此需要瞭解它們的品牌管理現狀。

（4）飯店所在社區和城市的公眾：公眾的看法和瞭解程度代表了飯店品牌在社會上的形象。這一形象與飯店的經營業績有很大的關聯性，這是對飯店品牌的公關活動效果的檢驗。

（5）旅行社等中間商、供應商等：中間商和供應商會與很多飯店有聯繫，透過對它們的調查，可以瞭解飯店品牌在行業中的情況。

（二）調查內容

（1）客人對飯店品牌的意識、態度、形象、定位、知名度、滿意度、忠誠度以及對競爭品牌的認知情況等。

（2）員工的品牌意識、品牌態度、品牌管理規定執行情況等。

（3）競爭性品牌管理現狀、優勢與劣勢、市場地位等。

（4）飯店品牌在城市公眾中的品牌知名度、品牌形象等。

（5）飯店品牌在中間商、供應商中的知名度、信譽度等。

以上的內容看起來有些紛繁複雜，但在實際操作中，可以按調查對象將調查內容匯總。如果採用問卷調查法，每一類調查對象只需一張調查表就可以涵蓋相關內容。飯店可以根據企業規模、市場特點和每次調查目標的不同，選取一部分調查內容，靈活掌握。

（三）調查方法

考慮到飯店的實際情況，常規的系統的品牌現狀調查應該在一年內進行2到3次。小規模的針對某幾個具體問題的調查，可以靈活安排。由於有幾類調查對象，所以一次全面的調查活動不一定同時展開，可以在一個規定的時期內完成。

在調查對象數量不多的情況下，盡量採用全面調查，如對VIP客人、長住客人、與飯店有業務往來的旅行社等。對於普通客人、內部員工和社會公眾等的調查，盡量採用抽樣調查。具體調查方法為訪問法，其中以問卷調查為主，尤其是對員工和公眾的調查，這樣更利於後面的統計分析；以面談訪問、電話訪問等為輔，主要針對競爭者、中間商、供應商和VIP客人等。如果飯店的網站功能比較完善，可以利用網站進行一些比較簡單的調查。這種調查可能不夠系統或真實，但很適用於那些急需知道市場回饋的飯店。

另外，飯店品牌的調查應以收集第一手資料為主，也可考慮從旅遊或飯店行業協會、消費者協會、專業調研諮詢機構、政府相關部門、公開出版物（報紙、雜誌、年鑑等）、權威網站等渠道獲得必要的二手資料。

三、制定調查計劃

調查計劃是整個調查活動的綱領。如果是制定常規性的調查，最好列入飯店年度工作計劃中。由於調查目的或規模的不同，所以並不是每次調查都曠日持久、費時費力，但必須做好計劃，保證較高的工作效率。調查計劃應由市場營銷或品牌管理部門的負責人制定。調查計劃的制定應該包括如下一些內容：調查目標、對象、內容和方法的確定，調查人員的合理安排與分工，調查工作的實施與進度控制，調查費用預算等。

四、調查活動的組織

調查活動的組織可以由市場營銷部門或品牌管理部門來統籌安排，負責對競爭者、公眾、中間商、供應商和部分客人的調查，人員要明確分工；部門之間要配合支援。

第一，對調查人員要進行選擇和培訓。以市場營銷或品牌管理部門人員為主，其他部門安排專人負責。飯店內具有豐富市場調查經驗的人員可以擔任培訓人員，或者聘請專業人員，對於調查活動的要點和困難進行指導，避免出現大的偏差。如果飯店人員實在有限，可以考慮與大專院校聯繫，請相關專業的學生來幫助，可以考慮讓他們全程參與或只參加某些環節（例如，對社會公眾的調查）。這些學生也可以獲得對飯店的直觀印象，瞭解實際工作情況，對他們也是

一次寶貴的實習機會。當然，首先要對他們進行細緻的培訓。

第二，確定調查項目，設計調查問卷或表格。調查人員根據前面確定的調查內容，擬定具體的調查項目和指標（對員工的調查項目，應與各部門負責人溝通），之後根據不同對象設計具體的調查表或問卷。調查表或問卷的設計應該做到比較專業，能夠保證獲得足夠的有用訊息，方便調查人員使用和日後的統計分析。

第三，確定調查對象的抽樣設計。調查人員根據客源情況、員工情況等確定各類調查對象的數量和比例，並確定採用哪種抽樣方法。例如，客房部選取多少員工調查，採用隨機抽樣還是非隨機抽樣。這時需要對飯店以往的賓客資料等進行整理，對調查對像有一個初步瞭解。

除此以外，要考慮到飯店經營活動的特點，不能對客人造成打擾和影響，也不能影響員工的工作，選擇合適的地點和時機完成調查活動。

五、實地展開調查

前期準備工作完成後，調查活動就開始展開了。由於調查對象基本上都在飯店內活動，基本都可以在飯店內完成調查。對於公眾的調查，可以利用飯店內大型活動的時機進行。在調查過程中，注意保證資料的真實性。一般來說，客人只要有時間和耐心，會比較配合調查工作的，而且他們願意表達真實的意見，尤其是不滿和不愉快的經歷。

對於員工來說，可能一方面迫於飯店壓力來接受調查，使調查流於形式，另一方面又擔心說明真相後會產生對自己和所在部門不利的後果，於是表現得比較矛盾。因此，必須讓他們放下包袱。可以採用無記名、不分部門、獨立填寫問卷、獨立投入問券回收箱等具體辦法。有的飯店會邀請一些知名的專家、其他飯店的管理人員等來進行暗訪和實地觀察。這種方式可能獲得一些真實的資料，但有時也比較片面，尤其是董事會組織這種調查時，會對飯店的管理層和員工產生極大的壓力：哪個職位出問題，該職位的員工乃至上級就會受到嚴厲處罰，在飯店內會造成一種惶恐不安的氛圍。因此，飯店應該鼓勵員工發現問題、改正問題，支援調查，營造一種寬鬆的工作氛圍，否則員工不會去努力維護和提高品牌

質量，而僅僅是避免犯錯誤。

六、整理分析資料

各部門應把調查的資料及時轉交市場營銷或品牌管理部門。調查期結束後，調查人員要把問卷等資料進行整理和統計分析。整理分析資料時，務必以調查目標為中心展開，得出有用的統計結果。對於可以用電腦軟體統計的資料，應該用軟體進行科學而有效的分析，以減輕人員負擔，增加支撐結論的數據，調查人員需要提前學習相關的軟體。

七、提交調查報告

調查報告應該對所調查的品牌問題做出系統的分析和說明，並提出相應的結論和建議，尤其是要指明品牌現狀中存在的不足，提出改進的目標和具體措施。如果飯店的規模較大、管理較正規，可以規定一個調查報告的標準格式，作為報告的範例，這樣會提高每次調查工作的效率。調查報告撰寫完成後，應由調查活動的最高負責人審閱並簽字確認，然後呈報給管理層和決策層，經過主管層的討論和決議，會形成一個意見框架，用於指導品牌管理工作。如果報告篇幅較長，應該準備一份報告摘要，以節省閱讀時間。同時，要對調查工作進行總結，發現不足，積累經驗，使下次的調查工作效率更高、效果更好。

調查工作結束後，相關的意見會回饋到飯店的各個部門，各部門再根據實際情況提出整改措施。至此，一個比較完整的調查工作就結束了。

第二節 如何建立品牌知名度和名譽度

透過對品牌現狀的調查，可以瞭解一個飯店品牌的一系列指標情況，其中，知名度和名譽度是常被提起的。每一個飯店都希望有很高的知名度和名譽度，但實際上，飯店的管理者對它們的理解還存在誤區，沒有採取有效的辦法。

一、如何理解品牌知名度和名譽度

（一）知名度

　　所謂品牌知名度，指的是品牌被瞭解的程度。具體來說，品牌名稱僅僅被知道，不能稱為對品牌瞭解，必須要把品牌名稱與品牌代表的產品或服務聯繫起來才是對品牌的瞭解。例如，「香格里拉」這個名稱人們並不陌生，但如果人們僅僅把它理解為一個傳說中的聖地或某個具體的地方，就說明「香格里拉」飯店的知名度不高。品牌知名度反映了一個品牌對某類產品或服務的代表性程度和顧客對某品牌的熟悉程度，一般可以用「瞭解某一品牌的顧客占被調查顧客總數的比例」來衡量。如果人們一提起飯店業，就會想起香格里拉飯店，那麼就說明其知名度很高。

　　可以從顧客、行業人員和社會公眾三個不同的層面來理解品牌知名度，即顧客知名度、行業知名度和社會知名度。

　　顧客知名度，指品牌在目標顧客中的被認知的程度，即一個飯店在現有客人和潛在客人中被瞭解的程度。顧客知名度會對客人的飯店選擇行為產生重要影響，與飯店的經營業績聯繫最緊密。

　　行業知名度，指品牌在相關行業內被認知的程度，即一個飯店在飯店業、旅遊業和與飯店業相關聯的其他行業中被專業人員、行業從業者等瞭解的程度。行業知名度會對一個飯店品牌在行業內的地位產生影響，與品牌的輸出管理、特許經營等擴張活動聯繫緊密。飯店的業主在選擇管理公司的時候，往往會關注管理公司和品牌的知名度。

　　社會知名度，指品牌在整個社會公眾中的被認知的程度，具體來說，就是一個飯店在所在社區、城市或更大的地域範圍內被公眾瞭解的程度。一般來說，規模較大的飯店在所在社區或城市都會有一定知名度。可能由於這些飯店是當地一些重要商務、公務和娛樂等重要活動的場所，或僅僅被市民當成一個地標式的建築。

　　（二）名譽度

　　所謂品牌名譽度，指的是品牌獲得信任、支持和讚許的程度，一般可以用「支持或信任某一品牌的顧客占被調查顧客總數的比例」來衡量。品牌名譽度反映出人們對品牌評價的態度，它一定程度上代表了品牌在人們心中的印象和被喜

愛的程度，也可以從三個不同的層面來理解品牌名譽度，即顧客名譽度、行業名譽度和社會名譽度。知名度僅僅是指某品牌已經為人所知，名譽度反映的則是顧客使用產品或接受服務後對品牌的讚美程度。

品牌知名度和名譽度都是評價品牌形象的主要量化指標。知名度能夠放大名譽度，知名度越大的飯店越會重視自己的聲譽。人們在瞭解飯店品牌的基礎上，會逐漸形成自己的態度和評價，在一部分人中形成的名譽度，會向其他的人擴散。

二、知名度和名譽度的作用

（一）品牌知名度是顧客選擇飯店的重要前提和基礎

一般來說，知名度是顧客在購買時主要考慮的品牌因素之一，是成功銷售的關鍵。對於一個飯店來說，它的客源市場可能遍及中國各地甚至世界各地，而大部分客人可能不會對該飯店有詳細的瞭解。因此，在第一次選擇該飯店時，知名度起了很大作用。知名度代表了顧客對品牌的熟悉程度，知名度越高，相應的熟悉程度也越高。作為一個來自外地的客人，他對飯店的要求首先是安全（我們在上一章「如何進行飯店品牌的危機管理」一節中已經詳細說明過了），尤其是在治安形象較差的城市。而且飯店本身也存在各種安全隱患，客人只有盡量在自己熟悉的範圍內選擇。越是熟悉的飯店，客人越容易對預期情況有所把握，從而減少不確定性，達到趨利避害的目的。在同等條件下，客人一般會選擇知名度較高的品牌。因為高知名度代表著生產者或銷售者的承諾，有品質的保證，可以放心選擇。例如，在一個中小城市，如果有錦江之星或如家酒店，我們會非常放心地選擇它，因為我們所生活的城市中可能就有這樣品牌的飯店，我們更熟悉它們。如果該城市飯店業很落後，沒有一個知名品牌，對於客人來說，最保險的策略是選擇當地最好的飯店，事實上很多客人是這麼做的。

即使客人是透過當地的人士幫助來選擇飯店，由於訂房人對於飯店的不熟悉，或出於表示尊重和重視等原因，飯店在當地的社會知名度就成為一個重要因素。目前的各種訂房網站或旅遊服務公司，可以提供上千家飯店的預訂服務，它們在選擇向顧客推薦飯店時會考慮飯店在當地的行業知名度，從而使顧客間接地

受到知名度的影響，但除了價格以外，這種預訂對於客人還是有很多的不確定性因素。

另一方面，飯店業的特點也決定了知名度對客人選擇的重要性。當我們在建材市場、家具市場或電子產品市場購買商品時，面對種類繁多的商品和參差不齊的價格，常常會感覺眼花繚亂、無所適從。因為選購這些商品需要的專業知識比較強，而大部分顧客不具備這種條件，幾乎是邊看邊學。對於客人來說，選擇飯店也是一種「非專業性購買」。飯店的服務和質量還具有無形性的特點，客人缺乏足夠的訊息判斷飯店的情況，而且也無法把多家飯店放在一起比較，那麼只能把知名度作為一個重要的市場信號來決策。對於客人來說，他選擇一家飯店後，可能在若干年內不會有機會再次光臨這家飯店，於是下一次很可能還要面臨選擇的困境，以往的經驗起不了太大作用，這一點有些類似於購房或婚紗攝影等在人的一生中基本只消費一次的活動，這時知名度便會產生作用。

（二）名譽度將影響顧客選擇飯店的態度和傾向

名譽度已經成為了顧客進行購買決策時重點考慮的因素之一，是顧客對品牌選擇與判斷的重要依據。一般來說，在同等的價格條件下，顧客會先列出幾家備選的飯店，然後從中挑選服務和管理較好的。服務和管理水準的好壞最終會抽象地概括成聲譽和口碑，顧客不會瞭解具體的服務和管理情況，只能透過聲譽和口碑來判斷。如果一個品牌在顧客心目中的名譽度差，即使它是一個知名品牌也會逐漸被淘汰。而一個名譽度好的品牌，即使還不知名，但是它爭取到的每一個顧客都成為了忠實顧客，它便會在口碑傳播中迅速提高知名度。

對飯店來說，顧客名譽度更難獲得，但效果更持久。顧客只有到飯店真正體驗過以後，才能對其有所瞭解，感覺好的話，他會把該飯店作為優先選擇的對象，不再把該飯店與其他飯店等同相待，從而很有可能成為飯店的經常性顧客。如果顧客在飯店的經歷很不愉快的話，飯店再想獲得好感是很難的，顧客可能從此把該飯店從備選名單中剔除。

顧客名譽度更容易受到影響。如果我們從朋友那得知某家飯店的聲譽情況，我們會十分重視他們的意見。如果訂房網站或旅遊服務公司等向我們強力推薦某

個飯店，我們也會認真考慮。

總的來說，知名度和名譽度都有利於提高顧客選擇飯店的機率，提高市場占有率，並最終提升品牌價值。在知名度和其他條件相似的情況下，名譽度越高，市場占有率一般越大。在名譽度和其他條件相似的情況下，知名度越高，市場占有率一般越大。知名度和名譽度較好的飯店往往是市場上的知名飯店，並占有很高的市場份額。但品牌知名度促進銷售的增長是有條件的，必須以名譽度或品牌質量為前提，否則知名度至多只能促進顧客的「嘗試性購買」，不會促進飯店的持續發展，飯店很難獲得回頭客，顧客會有被欺騙的感覺。

三、如何建立品牌知名度

品牌如何經營與管理，在營銷界莫衷一是，但普遍認可的是，要做品牌，首先就要建立品牌知名度。知名度的提高，除了依靠良好的地理位置、完善的硬體設施、先進的管理和優質的服務等因素之外，還需考慮以下幾點。

（一）謹慎進行品牌的開發和設計，建立有效的品牌識別系統

要想建立知名度，首先要有一個容易被顧客注意和熟悉的品牌，也就是説，包括品牌的名稱和標誌等在內的一整套識別系統要容易被顧客接受，這是建立知名度的基礎，否則在傳播的過程中會事倍功半。以品牌的命名為例，最好具有一定的意義，能產生一定的聯想，並易於誦讀。品牌的標誌設計，可以採用簡單明瞭的圖案與名稱，圖案可以命名，要便於記憶和傳誦。國際知名的渡假飯店品牌在這方面提供了很好的例子，它們的名稱和標誌設計都是易於理解和記憶的。

當然，最糟糕的情況可能是品牌名稱和標誌等被隨意設計或改變，實際中有不少這樣的例子。有的品牌名稱是上級主管來命名的。這些人很可能根據個人好惡來確定名稱，而沒有考慮市場的反應，而正式使用後又可能因為名字的諧音產生不良的聯想而輕易改名，這樣的出爾反爾是很難建立知名度的。

（二）選擇正確的傳播工具和傳播策略，避免陷入傳播的誤區

對於知名度，很多人認為只要有資金投入，選擇廣告、促銷和公關等傳播工具，透過各種傳播渠道，就會迅速建立知名度。在其他行業，透過大投入進行大

傳播，打造高知名度的例子很多，例如麥當勞、聯邦快遞等。這些企業的共同點是它們的產品或服務與傳播活動都能到達目標顧客。對於飯店業來說，情況會有所不同。只有當一個飯店集團有足夠多的飯店，在一個地理區域內達到足夠大的涵蓋率時，採用大規模的傳播活動才是有效的。雅高、香格里拉等國際知名的飯店集團的廣告會頻繁出現在大眾傳媒上，它們的廣告涵蓋率和滲透率是很高的。其前提是它們在某一區域內已經完成了經營網絡的建設，客人在該區域內的主要城市都可以找到該集團的飯店，並且，這些集團正以合作、合資、輸出管理等方式進一步拓展市場。

飯店品牌知名度要充分依託廣告，對廣告進行足夠的投資，即使已有一定知名度，也要繼續做廣告，因為顧客是容易遺忘的，飯店必須透過廣告告訴人們「我還存在」，以維持和強化品牌形象。另一方面，飯店品牌的傳播必須考慮到飯店業的特點，考慮到品牌傳播方式的獨特性和針對性。對於飯店來說，要善於利用自身優勢與公關活動。飯店的開業慶典是開展公共活動的好機會，許多飯店對開業典禮都非常重視，精心策劃。飯店還可以利用名人來宣傳自己，這無疑是十分有效的，也是飯店業的通行做法。名人住過的房間、坐過的餐廳位置和選擇的食品等都是宣傳的要點，可以極大提升飯店的名氣。

（三）圍繞品牌定位提高知名度

中國的很多品牌在進行推廣時，都過分依賴廣告提高知名度，而眾多的廣告又忽略了向目標顧客傳遞品牌的核心價值定位，致使品牌形象模糊。品牌定位就是鎖定目標顧客，為其提供有價值的產品和服務，並在顧客心目中確立一個與眾不同的形象的過程。定位時要突出品牌的核心價值，它代表著品牌對顧客的意義和價值。因此，在品牌傳播過程中，品牌給顧客帶來的利益是傳播的關鍵。例如，可以透過簡明通俗的廣告語來傳遞品牌獨特的利益點，要讓顧客意識到選擇該品牌的意義，這種利益既可以是產品或服務本身提供的，也可以是顧客的一種感受，這樣才能讓顧客準確地記住品牌的特點和價值，使品牌在顧客心目中占有重要地位，從而擴大其知名度。國際知名的大企業都在全力維護和推廣自己品牌的核心價值，這一點值得借鑑。中國飯店業在21世紀的最初幾年，經濟型飯店

成為飯店業研究和實踐的一個熱潮，出現了錦江之星、如家等經濟型飯店品牌。這些品牌在推廣過程中，成功地突出了其定位，強調了與傳統星級飯店的差別，突出了其核心價值，即價格合理、設施簡單、服務便捷等價值訴求點。

（四）立足當地市場，提高在當地的知名度

對於大部分飯店來說，尤其是獨立經營的飯店，透過大投入來完成大傳播也許並不合適。飯店的地點是固定的，可目標顧客往往十分分散，再加上經費的問題，使透過鋪天蓋地的廣告提高知名度看起來並不現實。因此，一個飯店可以透過對顧客服務來直接建立知名度。由於飯店地點的固定性，實際上飯店業的競爭很大程度上是同一城市內飯店的競爭，知名度應更多地考慮在所在城市的影響。要提升一個飯店在所在社區或城市的知名度，提升一個飯店在當地飯店業和相關行業中的知名度，然後再擴大影響範圍。在這方面，長沙的華天大酒店（五星級）是個十分成功的例子，該飯店是地道的當地品牌，但憑借出色的管理和服務，在長沙乃至湖南飯店業一枝獨秀，創造多個省內第一，包括湖南省第一家五星級飯店、湖南省第一家旅遊業上市公司、湖南省唯一獲得「五星鑽石獎」的飯店等。

（五）透過行業知名度和社會知名度來提高顧客知名度

知名度的三個層次——顧客知名度、行業知名度、社會知名度有很大的關聯性，因此，可以選擇間接地提高顧客知名度，例如國際知名的飯店集團進入中國市場時，憑借的就是它的行業知名度，之後才獲得了顧客知名度。在提高行業知名度方面，可以有如下選擇：聘請知名管理公司管理；加入一些鬆散的飯店合作組織（如中國名酒店組織等）；加入相關的行業協會；參加或承辦飯店業的重要展覽、會議等宣傳交流活動；做出對行業有重要意義的服務或管理創新等。在提高社會知名度方面，可以選擇參加公益活動，承辦當地有影響的社會活動，或其他方式接近公眾。飯店發展的首要問題是讓顧客知道飯店，瞭解飯店，從而光顧飯店。例如，有的星級飯店開設為大眾服務的早餐或快餐，收入儘管不能跟午晚餐相比，但成本低，靠規模取勝，利潤也不少，可以極大提升飯店知名度，因此更易被附近居民和上班族等所熟悉，一些老顧客逐漸也成了午晚餐的主要客源，

從而對飯店餐飲的拉動作用很大。長沙的華天大酒店（五星級）開設的美食廣場就是一個成功的例子。

四、如何建立品牌名譽度

（一）建立良好的企業信譽，履行品牌承諾

品牌對顧客來説，代表著企業的一種承諾。這種承諾依賴於企業過去的努力，影響著顧客對將來的預期和判斷。承諾的實現要依靠企業的實際行動，履行品牌承諾的過程就是建立企業信譽的過程。企業持之以恆地履行品牌承諾，就能贏得顧客對品牌的信任，從而提升名譽度，這是獲得良好聲譽的基礎。

對於飯店來説，首先應該把承諾落到實處。飯店在宣傳中會經常提到安全、舒適、便捷等種種承諾，但往往由於沒有具體的執行標準而流於形式，如房間的設施應達到什麼標準叫舒適，辦理入住和結帳等手續的時間要求是多少，等等。很多飯店的「顧客第一」往往只是流於形式的宣傳口號，顧客需要解決問題的時候，可能得到的是不理不睬、否認、找藉口、拖延或沉默等。其次，要保證品牌承諾與顧客期望相一致。例如國際知名的飯店就應該有與之相對應的管理和服務水準、硬體設施等，因為顧客對這些飯店有這樣的要求。最後，不要輕易承諾，承諾必須是可以兌現的，否則顧客就會對品牌失去信任，損害飯店品牌的名譽度。毫無疑問，如果承諾超出顧客的期望，給顧客帶來驚喜是更好的，但飯店必須量力而行，因為顧客的滿意很大程度上取決於承諾的兌現，承諾越多，顧客的期望就越高，往往失望也越大。

（二）提高顧客感知質量

「具有很高盈利能力的品牌是那些使顧客相信能提供卓越質量的品牌。」顧客認為產品或服務是什麼，比產品或服務實際是什麼更重要。顧客在每一次與企業發生接觸時，都會根據自己的感覺，對其產品或服務做出評價。這種評價並不一定是理性的，何況顧客對飯店的內部管理和服務過程並不清楚。因此，不僅要達到良好的質量水準，更要讓顧客接受和認可。

因此，飯店應該將實際的質量透過各種方式轉化為顧客可感知的質量，將飯

店服務的無形性透過看得見、摸得著的方式展示出來。例如將廚房改成公開透明化，讓顧客親眼看到食品加工過程，看著金黃的烤鴨一片片被切下與直接看到裝在盤子裡的烤鴨是完全不同的感覺，會讓顧客有如自己親自加工一樣有信任感。另外，飯店可以透過廣告來提高感知質量，把廣告的重點放在質量的宣傳上而不是廉價的促銷上。例如宣傳飯店食品加工的嚴格程序和衛生保證、營養健康等，讓顧客瞭解服務背後飯店付出的努力。廣告投入與感知質量之間有很強的正相關性。飯店也可以選擇各種公關活動提高顧客對飯店的瞭解，更好地與之溝通。例如飯店可以突出綠色飯店的定位，樹立無汙染、無公害、有益健康、符合顧客利益的環保企業形象，努力透過國際標準化組織ISO的相關認證，這些必然受到顧客的喜愛和歡迎。

（三）積極進行管理和服務創新

飯店向顧客履行了基本的承諾，並被顧客所認可，只是達到了最基本的要求，圍繞品牌定位進行的管理和服務創新才能讓顧客更加滿意，名譽度也是在與其他飯店的對比中建立的。服務創新包括服務項目、服務方式、服務人員、服務設施等方面。例如，北京的崑崙飯店為了更好地服務高端市場，在北京較早地推出了客房的行政樓層和相應的貼身管家服務，打破了傳統的服務模式，客人可以在行政樓層辦理一切手續，貼身管家提供客人所需的所有服務項目。管理創新對服務創新造成支撐作用，並隨著服務創新而變化。

對於大部分中國飯店來說，可以創新的地方還有很多，因為現存的管理制度和服務流程有很多是從方便飯店管理的角度出發設計的，而不是從方便顧客角度考慮的，服務與管理的創新應該在方便顧客和方便管理之間找到平衡點。但飯店必須要努力打破原有的慣性，例如，很多飯店已經把客房結帳時間由中午十二點向後延遲，避免了顧客中午結帳的不便，這就是從顧客角度出發進行的改變，但飯店必須因此重新配備各個班次的員工，每個班次的工作量也不確定了，這對飯店的管理水準提出了更新的要求。

（四）有效處理顧客投訴和危機事件

對於飯店來說，沒有投訴和危機事件是不可能的，顧客也是認同這一點的，

關鍵看飯店如何處理這些問題。事實上，經過努力圓滿解決問題比一切順利更有說服力，更容易得到顧客的認可，更能提升企業的名譽度。處理投訴和危機的方式和策略很多，關鍵是要有認真負責的態度，勇於承擔應有的責任，在此基礎上，採取有效的溝通、協商、道歉、賠償、補償等處理方法就可以解決問題了，而不能拖延、迴避、找藉口。事實上，很多情況並不是一定要賠償才能解決問題的，顧客關注的可能是飯店的態度和自己被關注的程度。飯店必須對投訴有一個明確的處理原則，並逐漸形成針對不同問題的詳細具體的處理辦法，同時，必須以《消費者權益保護法》等相關的法律作為最高處理原則，不能僅憑經驗來處理。當然，飯店作為與顧客平等的一個民事主體，必要時也要採取法律手段維護自己的合法權益。

第三節 如何維護和提高顧客的品牌忠誠度

上一節我們談到了如何建立品牌知名度和名譽度，相比較而言，忠誠度的維護和提高難度更大。一般來說，知名度和名譽度是顧客忠誠的基礎，從知名度到名譽度，再到更高級的忠誠度，就構成了一個品牌發展的階梯，它們構成了品牌資產的主要內容。

一、如何理解品牌忠誠

簡單地說，品牌忠誠（Brand Loyalty）就是顧客對品牌的偏愛和信任，並試圖重複購買。相應地，忠誠顧客指的就是那些偏愛某個品牌又經常購買的人。品牌忠誠度是衡量品牌忠誠的指標，可以透過顧客重複購買意向和購買次數等來測量忠誠度。顧客的品牌忠誠包含顧客態度和顧客行為兩個方面。

對於品牌忠誠，以往的企業經營者和管理者，更多地是從顧客重複購買的角度來理解。這種理解有些片面，應該認識到品牌忠誠更是一種企業和顧客之間的相互信任的互動關係。

企業的管理者應該意識到，可能存在虛假的品牌忠誠。顧客重複購買等表面上的忠誠行為並不是因為顧客真的忠誠，而是出於沒有更好的選擇或其他的原

因。在競爭不激烈的情況下，不滿意的顧客不得不繼續選擇企業的產品或服務，但一旦有更好的選擇，他們將很快轉換品牌。因此，處於低度競爭情況下的企業應居安思危，努力提高顧客滿意程度，贏得真正的顧客忠誠。一些地區的飯店業還正處於競爭不充分的階段，因此，現在獲得競爭優勢的飯店應該弄清楚自己的顧客是否真的忠誠。

當然，有人會懷疑飯店業是否存在顧客忠誠。目前中國一些地區的飯店業競爭十分激烈，價格戰此起彼伏，飯店進行了大量投入來提高顧客的滿意程度，但顧客仍然經常轉換品牌，似乎很難讓顧客忠誠不移，這說明目前中國飯店業市場還不夠成熟，在整個市場處於無序的階段時，建立顧客忠誠既是一種挑戰，更是一個有利的時機。因此，飯店在推動品牌忠誠上的任何細微的努力，都有可能造成很好的效果，留住老顧客並不斷吸引新的忠誠顧客，為本飯店贏得良好的聲譽，從而獲得競爭優勢。

二、品牌忠誠的作用

（一）有利於提高經營效率，獲得更多的利潤

對於一個飯店來說，僅僅知道自己的目標顧客是誰還不夠，最好能知道哪些是對飯店最有價值的顧客，並對他們給予更多的關注，這樣有利於集中飯店的資源，實現資源的最佳配置，提高經營的效率。首先，忠誠的顧客會長期光顧飯店，並且不像新顧客那樣對價格敏感，對飯店來說是一個長期穩定的利潤來源。其次，忠誠的顧客願意每次更多地在飯店消費，其消費支出也更多。

大家都比較熟悉的著名的帕累托法則（即80／20原則）。它是指企業80%的利潤來自20%的忠誠顧客。1990年代初，美國貝恩諮詢公司的著名營銷專家賴克赫爾德（Frederick　　　　F.Reichheld）和哈佛大學著名教授薩斯里（W.Earl Sasser，Jr）就揭示了培育顧客忠誠的重要性，指出了顧客忠誠度與企業的獲利能力有密切的關係。他們的研究表明，企業從10%最重要的顧客那裡獲得的利潤往往比從10%最次要的顧客那裡獲得的利潤多5到10　　　倍，忠誠的顧客每增加5%，企業的利潤就可增加25%到90%。

（二）有利於降低銷售成本，保持競爭優勢

飯店發現和吸引新顧客所需的費用很多，包括廣告投入、銷售促進費用和較大的時間成本等。但維繫老顧客的成本卻相對較低，老顧客對飯店的產品或服務很熟悉，飯店也更瞭解他們的需求，因而溝通成本更低。儘管以上的道理不難理解，但飯店在銷售過程中，往往忽視了顧客忠誠的存在，更多地關注如何開拓新市場，而在維繫老顧客方面投入不夠。如果一個飯店每個月流失若干個老顧客，又吸引來相同數量的新顧客，看起來顧客數量可能沒有變化，但飯店的營銷成本提高了，收入還可能下降，並且飯店很難保證能不斷地吸引到足夠的新顧客。

目前飯店業競爭的一個主要方面，就是對顧客資源的爭奪，尤其是那些對飯店利潤貢獻很大的忠誠顧客。一個飯店忠誠顧客的數量和質量很大程度上決定了該飯店的競爭優勢。尤其重要的是那些忠誠的企業、政府等大客戶，這些大客戶是每個飯店爭奪的焦點，他們的價值巨大，如同一些大客戶對銀行的重要程度一樣，沒有這些大客戶，銀行就難以運轉。一旦顧客形成偏好與忠誠，就不會更多地關注其他飯店的產品或服務，無形中減少了本飯店的競爭壓力。因此，飯店必須維護顧客忠誠度，使得競爭對手無法爭奪這部分客源。

（三）有利於贏得口碑宣傳效果

人們是樂於把自己的美好經歷與別人分享的。一個忠誠的顧客會把他瞭解到的有關飯店的一切介紹給親朋好友，就像一個活廣告，可信度極高，而且會極大地激發這些人產生嘗試該飯店服務的動機，飯店就會增加許多新顧客，其中的一部分又會成為忠誠顧客。試想一下，我們在預訂宴會或客房等飯店產品時，親朋好友的意見有多麼重要。對於新顧客來說，選擇飯店和相應的服務項目會有一定的風險，尤其是重要的活動安排，因而他們也會主動諮詢有經驗的老顧客。具有較高滿意度和忠誠度的老顧客的建議在此時往往具有決定作用。

三、如何維護和提高顧客的品牌忠誠度

毫無疑問，維護和提高顧客的品牌忠誠度首先要具有品牌名譽度。提高品牌忠誠度，至少有三個基本條件，即忠誠的顧客、忠誠的員工和優質產品或服務。只有三者協調一致、互相促進，才能共同提高品牌的忠誠度。具體要做到下面幾個方面。

（一）品牌忠誠度的調查和自檢

要想維護和提高忠誠度，飯店首先要對顧客忠誠度進行檢查，瞭解現狀，這時我們前面提到的對品牌現狀的調查是很有必要的，尤其是當顧客表現出消費不穩定的特徵，如消費次數和消費項目減少；消費後拒絕提出正面意見等等。飯店需要清楚地回答如下問題：飯店品牌的忠誠顧客是誰？飯店品牌為忠誠顧客提供的獨特價值是什麼？飯店品牌的承諾是否兌現？飯店如何與顧客溝通、建立感情？忠誠顧客的需求是什麼？有何變化？忠誠顧客對飯店的新產品是否滿意？忠誠顧客喜歡哪種公關、促銷活動？為什麼？品牌的轉換成本如何？競爭對手的品牌忠誠度如何？飯店透過以上自檢，就能發現問題，如忠誠度下降的原因、競爭對手品牌的優勢等，並提出改進意見，採取相應措施，從而維繫老顧客，爭取新顧客，更好地與對手展開競爭。

（二）尋找忠誠顧客

我們應該承認，在現有的飯店和顧客的關係模式中，有些顧客是很難成為忠誠顧客的。另外，顧客的偏好也會發生變化。因此，我們首先要清楚忠誠的顧客在哪裡。

有一種觀點認為，顧客並不能簡單地劃分為忠誠與不忠誠，而是表現為如下幾種不同的形態，A、B、C、D分別代表同一類產品的不同競爭品牌。

（1）單一的品牌忠誠：AAAAAAAA，即顧客對A品牌具有強烈的偏好，始終忠誠於該品牌。

（2）偶爾轉換的品牌忠誠：AABAAACAADA，即顧客忠誠於A品牌，偶爾會轉換其他品牌，但不固定。

（3）轉換的品牌忠誠：AAAABBBB，即顧客對A與B兩個品牌忠誠，可能先選擇A品牌，後選擇B品牌。

（4）分享的品牌忠誠：AAABBAABBB，即顧客對A與B兩個品牌忠誠，兩種品牌交叉購買。

（5）無品牌忠誠：ABDCBACD，即顧客不對任何品牌表示忠誠。

　　首先，顧客已經發生的消費行為可以說明問題，這一點從飯店的顧客資料就可以查出。現代飯店中，普遍採用了聯網的電腦系統和專業的飯店管理軟體。這樣飯店在運營幾年以後，就會獲得大量的第一手的顧客資料，形成一個比較完備的顧客資料資料庫，裡面會有完整的顧客個人資料和消費記錄。根據具體的、歷史的數據，經過相應的整理、分析和統計等工作，飯店就可以根據自己的標準，如消費總額或消費次數，確認自己的忠誠顧客。

　　其次，飯店還可以進一步分析這些忠誠顧客的記錄，然後得出他們的共同特徵，包括地理分布的特徵，如上海客人具有更高的忠誠度；人口統計的特徵，如中年男士有更高的忠誠度；顧客心理的特徵，如追求穩定安逸的顧客忠誠度更高；顧客行為的特徵，如追求優質優價的顧客忠誠度高。從而可以更好地做出預測，更有針對性地爭取潛在的忠誠顧客。

　　此外，飯店還可以用價格策略篩選出不忠誠的顧客。飯店可以堅持不進行低價競爭策略，採取優質優價的策略，那些真正關注飯店的管理和服務水準的顧客不會因為價格輕易離開，他們才有可能成為忠誠顧客。

　　（三）精心設計忠誠顧客的獎勵計劃

　　目前，國際知名的飯店集團都有自己忠誠顧客的獎勵計劃，一般稱為　FP（Frequency Program），即常客計劃，我們只要登錄其公司網站就可以瞭解到具體情況。中國有的飯店也已經推出了自己的計劃，做出了有益的嘗試，但更多的飯店採取了向部分顧客發放VIP卡或貴賓卡等簡單方法，只是規定了一定的優惠和折扣，還遠遠談不上「計劃」，由於缺乏計劃性與系統性，在培養忠誠顧客方面，效果往往不理想。

　　獎勵計劃一般採取積分制，飯店一般會與航空公司、旅行社和銀行等合作夥伴聯合推出，給予顧客更多更好的價值組合。飯店根據客人的消費金額給予相應的積分，當積分達到一定數量時，會有相應的獎勵。這些獎勵往往是飯店內的免費房間升級、免費房間、免費早餐或是某個航空公司的里程積分、免費旅遊渡假機會、享受更優惠的折扣服務和更多的額外服務等。同時顧客還會更優先、更便利地享受到飯店服務。得到更高的尊重和禮遇，也是顧客身分的一種象徵。對於

忠誠的顧客，飯店應定期通知他們積分情況，建議他們採取一些行動以獲得更多獎勵。在旅遊淡季，飯店客房出租率較低時，積分獎勵還可以加倍。

獎勵計劃實際是一種對顧客需求的管理，主要是為了更好地回報忠誠顧客，刺激顧客的重複消費，同時也可以吸引更多的顧客主動爭取成為忠誠顧客，從而獲得獎勵計劃。飯店應該根據自身情況設計獎勵的原則，這些獎勵至少應該有利於提高顧客忠誠度，讓顧客認為有價值；應該便於實際操作和顧客的理解與認同；應該能夠避免不忠誠的顧客獲得獎勵。要把獎勵計劃更多地理解為一種維繫飯店與顧客關係的工具，不能簡單理解為對重複消費的刺激。

例如，香格里拉飯店集團精心設計的常客優惠計劃——貴賓金環會，分為三個層級：標準級、行政級及豪華級。每次下榻香格里拉或商務飯店，各層級會員都會享有與眾不同的貴賓服務，集團在其網站上提供了該計劃的條款與規則。1997年，希爾頓集團的HHonors項目連續三年被美國和英國的權威雜誌評為「最好的旅遊飯店獎勵計劃」，因為其獎勵計劃有如下幾個特色：範圍廣泛、活動規範、有顧客服務中心、優惠項目多且顧客可以得到真正的實惠和方便等。

但有一點飯店一定要清楚，即「顧客的忠誠是永遠買不到的」，實現長期收益和競爭優勢，靠的是顧客價值的最大化，獎勵計劃的作用只能是「錦上添花」。

（四）提供個性化的產品和服務

一些研究成果和企業的實踐表明，顧客的情感和偏好是提高忠誠度的關鍵。因此，飯店在確定了它的現有和潛在忠誠顧客後，就應該著重研究他們的需求特點、消費心理和消費行為，並根據這些因素設計更具個性化的產品和服務，讓顧客感覺到被真正關注和重視。顧客的需求是千差萬別的，飯店的標準化服務最多只能帶來顧客的滿意，只有標準化基礎上的個性化服務，才能贏得顧客的忠誠。對於一個飯店來說，忠誠顧客的比例可能不高，數量也不多，因此，飯店針對他們推出個性化的服務是有可能的。

飯店的顧客檔案資料庫裡記錄了顧客以往在本飯店的消費歷史和個人習慣等訊息，由此，可以瞭解顧客的消費偏好和禁忌，當客人再次光臨時，就會有所準

備，而且有時候顧客也很難清楚完整地表達自己的要求，員工可以按照顧客的偏好提供個性化的服務，顧客由此會感到十分親切。設想一下，顧客進入房間的時候，發現房間的布置是自己熟悉和喜愛的風格，桌上放著他喜歡的鮮花、水果、茶葉和報紙，甚至還有總經理親筆簽名的歡迎信和味道醇美的香檳酒，衣櫃裡和衛生間裡同樣有精心的準備，而這些只是一個開始，這時顧客感到的只能是驚喜或驚嘆。

（五）培養忠誠的員工

目前，很多企業已經意識到，顧客忠誠度與員工忠誠度密切相關，有忠誠的員工才可能有忠誠的顧客。這一觀點主要基於如下的解釋，即員工是否忠誠決定了員工對工作和飯店的態度，這種態度影響了員工對顧客的服務，而員工的服務又決定了顧客是否再次光臨飯店。一般來說，忠誠的員工更加熱愛本職工作，對飯店感情更深，更有責任感，從而更加熟悉本職位的業務，更瞭解顧客的需求和相關訊息，能為顧客提供更滿意的服務，使飯店與顧客建立更密切的關係。如果飯店員工流失率過高，很難保證穩定的服務質量和顧客關係，顧客的忠誠就很難保證。

因此，飯店應透過招聘、培訓和激勵等環節，發現並留住那些具有敬業精神、熱愛企業的優秀員工。在招聘過程，應著重考察應聘者的求職動機、工作態度、工作理念和對本飯店的看法。在培訓環節，應著重培養員工對企業的認同感、敬業精神和主人翁責任感。在員工激勵方面，可以實行公開透明的管理方式，鼓勵員工積極參與管理，給員工適當的授權，對優秀員工及時給予獎勵等方式。發現並善待自己的員工，實際就是在維繫忠誠的顧客。

（六）開展顧客關係營銷

飯店爭取和維繫忠誠顧客的過程，就是與顧客建立良好關係的過程，這種關係已經超越了簡單的或一次性的交易關係，而包含了更多的相互信任、互惠互利、長期合作和情感交流等內容，這是建立和維護顧客忠誠的核心理念。關係營銷是識別、建立、維護和鞏固飯店與顧客關係的活動，其實質是在交易關係的基礎上建立的非交易關係，以保證交易關係持續不斷地進行下去，交易關係更多地

成為了非交易關係的必然結果。

因此，不能把飯店與顧客的關係簡單地理解為上帝和僕從的關係，這只是不現實的口號，應該以顧客忠誠為導向，建立基於平等、互利和合作原則的新型顧客關係。為此，飯店可以從以下幾方面著手：首先，要在企業文化建設上下工夫，在企業文化中提出相應的企業宗旨和服務理念，更好地培訓員工，讓員工充分理解飯店倡導的顧客關係。其次，要鼓勵員工對顧客開展關係營銷，與顧客建立長期的合作關係。飯店可以靈活選擇具體的方法，唯一的原則就是不要只為了銷售而拉關係。第三，飯店需要為顧客提出意見、建議或參與飯店管理提供有效的途徑。忠誠的顧客希望發揮主人翁的作用，具體的方法很多，可以利用自己的網站線上收集顧客訊息，也可以透過對顧客進行追蹤調查、召開顧客座談會、定期拜訪顧客等方法，不斷與顧客溝通。

飯店在顧客消費之後更應該發揮關係營銷的作用，這是培養忠誠顧客的關鍵環節，但同時又是眾多飯店工作的一個薄弱環節。顧客往往認為這時的關係更真實、更有感情價值，飯店做好此環節的關係營銷工作，有助於進一步提高顧客的忠誠度。即使顧客因為某種原因準備放棄本飯店，飯店也要對其進行真誠的挽留，至少要讓顧客對其保留較高的名譽度，對其他顧客進行良好的口碑宣傳。

以上談到了維護和提高顧客忠誠的幾個要點，最後要指出的是，顧客的品牌忠誠是有一定慣性的，顧客不會輕易改變，所以從競爭對手那裡爭奪它的忠誠顧客是不容易的，這種慣性也使一個飯店可以在品牌出現問題時，獲得寶貴的喘息機會，迅速調整，避免失去忠誠顧客。

第四節 如何進行飯店品牌的創新

品牌發展的動力源於不斷的創新。即使一個企業已經獲得了一定的品牌優勢，競爭者也會迅速模仿，這種優勢只能維持很短一段時間。因此，無論是創建一個品牌，還是發展一個品牌，都必須堅持不斷創新、超越自我的原則。

一、如何理解品牌創新

按照品牌創新的對象，一般包括經營創新、管理創新、文化創新、產品或服務創新、營銷創新、技術創新等。對於大部分飯店來說，技術創新似乎不是一個重要的問題，飯店業傳統上被認為是一個低技術含量的行業，儘管飯店業廣泛採用了各種先進的技術和設備，但飯店僅僅是技術的最終用戶，而很難把技術轉化為品牌競爭的優勢，這一點與技術對於製造業的作用形成明顯反差，但技術創新對於飯店樓宇的智慧化管理、營銷網路的建立和顧客資源的管理等方面意義重大。另外，按照創新主體，可以分為自主創新和聯合創新。

品牌創新實際是以上提到的經營創新、管理創新、產品或服務創新等的一個綜合運用，而不是一個簡單的品牌更新或概念炒作。品牌的創新，從縱向發展看，是一個不斷自我否定、自我發展和適應需求變化的過程；從橫向競爭看，是一個不斷尋求與競爭者差異化的過程。所以在企業界流傳著這樣一句話：一流的企業做品牌差異；二流的企業做產品差異；三流的企業做價格差異。因此，我們可以認為，品牌創新是以顧客需求變化為基礎的品牌差異化，是品牌創新思想的具體運用。

二、何時進行品牌創新

產品生命週期的理論大家都比較熟悉了，產品一般要經過導入、成長、成熟和衰退這四個階段。對於品牌來說，也存在類似的生命週期現象，也就是說品牌也有一個市場壽命的問題，品牌在市場上的影響力和獲利能力等指標隨著時間的推移而變化。不斷創新的品牌會迎來一次又一次的青春期，不能與時俱進的品牌將逐漸在市場上失寵，不再具有影響力，直至完全退出市場。看看世界上的那些具有悠久歷史的優秀品牌，我們有理由相信飯店品牌的壽命可以足夠長，值得我們為之不懈努力。中國的上海錦江飯店、北京飯店等都是很好的例子。試想一下，顧客在具有一百年或幾百年歷史的飯店中體驗那種穿越時空的感覺，品牌的魅力將何等重要。

我們可以把品牌的生命週期作為一個計劃工具、預測工具和控制工具，及時瞭解品牌的市場表現，以準確判斷它正處於哪一個生命週期。品牌的表現沒有達到計劃的要求，如品牌知名度遲遲不能提高、品牌形象不清楚、品牌定位沒有被

市場認可等；或出現了弱化、衰退的情況，如品牌影響力減弱、忠誠顧客流失、市場占有率下降、銷售收入和利潤減少等；或面臨潛在的激烈競爭，如同類型品牌的大量崛起，被不同類型的品牌所替代的威脅等。存在以上情況時，就需要考慮對品牌進行創新了。因此，品牌創新存在於品牌發展的任何一個階段，只不過有的創新是為了防止其衰老，有的創新是為了抵禦對手的競爭。創新時機的選擇關鍵在於顧客需求的變化和競爭環境的變化。

三、如何進行品牌創新

（一）品牌分析

前面我們提到了對品牌現狀的調查方法，在這裡會很有用。在品牌分析時，需要瞭解三方面的內容：第一，顧客需求的現狀和發展趨勢，包括需求的數量、結構、特點和內容以及顧客價值觀和生活方式等。這主要是為了衡量本飯店品牌滿足顧客需求的程度，對顧客需求做出預測，為品牌改進和創新提供依據。第二，競爭對手品牌的優勢、劣勢和採取的競爭策略、目標。第三，本飯店品牌的優勢、劣勢和採取的競爭策略、目標。

對本品牌和對手品牌的分析，主要是為確認本飯店品牌在市場上的競爭地位和競爭能力，在不同的細分市場中尋找新的不同特性的組合，以尋求並創造品牌競爭力的差異化。可以說任何一家飯店都可以進行某種程度的差異化，但飯店選擇的差異化應該是對顧客有意義的。

（二）品牌管理模式的創新

一個成功的品牌，不僅有優質的產品、服務和大量的忠誠顧客，更重要的是有完善的品牌管理機制。品牌的質量和價值等要素都是管理的結果，這是成功品牌的根基。因此，品牌的創新更多地源於管理的創新。

最簡單的做法是引入或模仿同類飯店的成功的管理模式，結合自身情況進行修改。不管引進的還是自行創建的管理模式，都需要在組織結構、組織功能和組織文化等幾個方面進行創新。關於品牌管理的組織設計，我們前面已經探討過了，飯店需要根據自身特點和發展戰略，建立一個合適的組織負責品牌的管理。

這個組織應該具有很強的靈活性、適應性和跨部門工作的能力。跨部門的順暢溝通有利於克服創新的潛在障礙，從而使飯店更容易接受創新。這個組織的功能也受制於飯店品牌的發展戰略，但在創新方面，它的主要作用是克服困難，提供支援，激勵員工創新，推進新思想的實施推廣。

富有創新能力的企業往往具有相似的文化，充滿創新精神的組織文化通常有如下特徵：

（1）接受模棱兩可：過於強調目的性和專一性會限制創造性。

（2）容忍不切實際：不打擊對問題做出「如果……就怎樣」這類問題做出不切實際，甚至是愚蠢回答的員工。不切實際的回答，可能會帶來對問題的創新性解決。

（3）外部控制少：規則、條例、政策這類控制被保持在最低限度。

（4）容忍風險：鼓勵員工大膽嘗試，不用擔心失敗的後果，並認為錯誤是學習機會。

（5）容忍衝突：鼓勵不同意見。個人或單位之間的一致和認同並不意味著能實現很好的績效。

（6）重視結果甚於方法：明確的目標提出後，鼓勵個人探索實現目標的各種可能方法。重視結果表明對於給定的問題可能有好幾個正確的答案。

（7）強調開放式系統：組織時刻監控環境的變化並迅速做出反應。

對比一下飯店業的現實情況，我們可以發現，飯店業總體來說是缺乏創新機制的。飯店內部的組織強調嚴格的部門分工而顯得僵化，所謂的「軍隊式」的管理限制了靈活性，飯店員工更傾向於服從和少犯錯誤，而不是冒著可能丟掉飯碗的危險去進行創新。從品牌管理的組織結構、組織功能和組織文化的角度看，飯店業在品牌管理模式創新方面有很大差距，缺乏創新的基礎環境。這些問題不解決，飯店的創新就不會有實質性進展。

（三）品牌文化的創新

前面的章節我們談到了品牌的文化建設。隨著一個品牌的發展，它的文化內涵需要不斷更新和完善。文化可以賦予品牌某種個性，使之區別於其他品牌，避免品牌的同質化，具有個性和文化內涵的品牌更容易得到顧客情感方面的認同，能夠更深刻、更持久地吸引顧客，創造出更高的附加價值。品牌的文化認同在飯店業已經表現得很明顯，歐美的客人傾向於選擇歐美的品牌；日本的客人青睞日本的品牌；香港客人也鍾愛香港的品牌。文化上的接近可以使飯店的產品和服務更接近目標顧客。目前，中國公民的中國旅遊和出境旅遊市場已經形成，規模巨大、前景誘人，中國公民需要的是自己的民族品牌，而不是陌生的歐美品牌，更多的中國飯店應該在文化上向中華民族的優秀文化回歸，將傳統文明與現代化的舒適巧妙地結合起來，強化品牌的本土化和當地化特色，尋求文化上的差異，這可能是未來與國際飯店之間的根本性差異。

越是民族的就越是世界的，飯店業打造本土品牌有天然的文化優勢。一個品牌在正式推出之前，就應該確定自己的文化內涵，在名稱、標誌等企業識別系統的設計，飯店的設計和裝修風格，產品和服務的內容與形式，以及維繫顧客關係的方式等方面突出自己的民族文化特徵。在這個方面，中國的錦江飯店、金陵飯店和華天酒店等已經走出了成功的道路。

（四）品牌定位和品牌形象創新

品牌定位和品牌形象指的是品牌整體方面的創新，接下來的產品和服務創新指的是飯店內更具體更細緻的創新。

定位這個詞是由兩位廣告經理艾爾‧里斯和傑克‧特勞特提出後而流行的。他們把定位看成是對現有產品的創造性實踐。

定位起始於產品。一件商品、一項服務、一家公司、一個機構，或者甚至是一個人……然而，定位並非是對產品本身做什麼行動。定位是指要針對潛在顧客的心理採取行動，即要將產品在潛在顧客的心目中定一個適當的位置。

首先，飯店可以提高在顧客心目中的定位，強調自己在某一個地區或某一方面的優勢。例如，華天大酒店可以強調自己是湖南省最知名最成功的飯店。其次，最好是尋找一個未被占領的領域，例如把本飯店作為綠色飯店、商務飯店、

公務飯店、會議飯店、產權飯店等某一特色飯店或某一主題飯店，向市場進行推廣。近幾年在中國市場，比較成功推出的經濟型飯店，很大程度上就是定位的成功，它成功地把自身與傳統的星級飯店、社會旅館等進行了區分，脫離了中國住宿業的傳統概念和框架，占領了一個全新的、規模巨大的中檔市場。因此，錦江之星、如家客棧等經濟型飯店獲得了巨大成功，一舉確定了中檔市場的領先地位。國際青年旅舍是前幾年從廣東進入中國市場的，它填補了青年學生旅遊市場的空白，提供簡單便捷的住宿，同樣在定位上贏得了先機。

案例5-1

連鎖產權酒店第一品牌 海航酒店打什麼牌？

記者從海航獲悉，黃山翠湖國際高爾夫渡假酒店已於2004年歲末正式加盟海航酒店集團，這是該集團繼成功重組廣州中央酒店和組建山西迎澤海航酒店股份有限公司後，在連鎖產權酒店經營項目上取得的新進展。

《海南日報》記者單憬崗、通訊員張會會報導：2000年海航酒店集團首次介入中國旅遊房地產領域以來，經過四五年的摸索，已經建立了海航連鎖產權酒店交換網絡，並以連鎖系列項目的連續開發規模，建立起「中國連鎖產權酒店第一品牌」並成為中國唯一的五星級連鎖產權酒店品牌。截至2004年，海航連鎖產權酒店已成功推出四個系列產品，海航產權酒店業主已遍布中國全國各大省、市、自治區及日本、英國、荷蘭、西班牙等國家。黃山翠湖酒店的加盟，標誌著該集團不僅能為消費者提供產權酒店與服務，還可為產權酒店經營者提供產品銷售和酒店管理等服務，共享海航集團的航空、酒店、旅遊等資源。

據介紹，黃山翠湖酒店位於黃山市屯溪區，距黃山市中心8公里。該項目全部酒店客房將以產權酒店模式開發銷售。海航酒店集團以營銷策劃顧問身分參與全程開發運作。至此，該集團旗下已擁有15家酒店，分布在海南、北京、上海等地，客房總數3,937間。截至2004年8月，資產總額達32.76億元，已從個體酒店成長為一家依託航空優勢，具有多家連鎖酒店的產業化酒店集團，並成功入選

2003年中國16家酒店管理品牌，其規模進入世界飯店集團300強。該集團負責人表示，到2008年，海航酒店的規模將擴大到40到50家，力爭10年內創造一個世界知名酒店品牌。

*資料來源：人民網海南視窗2005年1月4日報導，有改動

品牌定位改變後，品牌形象也需要變化。品牌名稱、標誌和圖案等構成的品牌形象系統，是企業或產品外在表現，需要適應企業經營戰略目標的調整。品牌形象更新的背後，是在適應企業經過資本、業務、技術、人才整合後新的經營發展戰略，以新的形象拓展發展空間，展示其新的業務特點、市場定位、經營管理與企業文化等，同時也可以給顧客耳目一新的感受，使之感覺到品牌的不斷發展。在這方面，還需要解決一個新形象的傳播問題，即解決顧客感知形象的問題，這裡就不詳細敘述了，「聯想」、「金碟」品牌標誌的更新為我們提供了借鑑的實例。

（五）產品和服務創新

品牌創新的理念、方法和各種努力，最終要透過品牌的載體——產品和服務表現出來，適時進行產品和服務創新，才能增強品牌的競爭力。大多數飯店實際上著力於改進現有產品或模仿其他飯店，進行局部的創新，而不是創造一個全新的產品，這對一個已經建成的飯店來說不是件容易事。飯店的產品和服務創新，主要包括以下幾個方面。

1.推出全新產品

推出全新產品即推出在市場上從沒出現過的新產品或服務。例如，無煙客房、女士客房、家庭式服務和全套房飯店等剛推出時都是屬於全新的產品。

早在1974年，美國的阿爾克·希爾頓飯店就推出了女士專用樓層，為女士提供一切便利，所有設施設備和裝飾色調都從女士的愛好和實際生活需要出發，客房一般都配備有特製的穿衣化妝鏡，成套的化妝用品，各種牌號的洗滌劑和沐浴用芳香泡沫劑，提供女士睡袍、掛裙架、吹風機、捲髮器、針線包及其他婦女專用衛生用品。客房通常會被裝飾以溫馨的色調，比如粉紅、天藍或米黃等，而

床上用品和窗簾等織品往往也與房間色調相匹配，電話也選擇了活潑、靈巧的款式，床頭櫃或茶几上還備有專供客人閱讀的書刊或暢銷的女性雜誌。女士客房單獨闢成樓層，並配有大量的便裝女保安人員。房間號碼嚴格對外保密，不准任何人查詢，外來電話未經同意不能隨意接進客房。

2.引進新產品

引進新產品即增加產品線或對某一產品線進行補充，推出飯店原來沒有的產品或服務。飯店的產品線主要包括客房、餐飲、娛樂和會議等，各種類型的客房、各個餐廳和酒吧、各個娛樂休閒場所等分別構成了每個產品線的具體項目。例如，一個飯店原來有客房、餐飲設施但沒有會議設施，增設的行政樓層、增加的風味餐廳、增加的菜色或增設的會議設施，都是新產品。

目前，中國飯店業也出現了一種綜合趨勢，把商場、公寓、辦公室和飯店等組合起來，形成功能齊全的大規模服務設施，典型的代表是北京的國貿中心、東方廣場等。

3.改進新產品

改進新產品包括對飯店原有的產品和服務進行改進，如對某一菜色進行改進，對客房的裝修和改造，對服務程序進行改進等。

4.仿製新產品

仿製新產品即模仿他人的產品，如飯店推出的韓國料理、日本料理和南美烤肉等。

以上是品牌創新的幾個方面，還包括技術創新和營銷創新等，同樣都是重要的。在產品和服務的創新過程中，需要考慮以下幾個因素：新產品和服務是否會被老顧客所接受；是否能吸引新顧客；員工的意見和看法如何；增加的收入能否彌補增加的成本。不能否認，飯店業具有一個保守行業的很多特徵，今天的一些做法和幾十年前可能沒有本質區別，飯店的業主和經營者不願意冒風險去改變，這一切可能都需要顧客的推動。因此，飯店的創新應圍繞顧客需求的變化來進行。

第六章 如何擴張飯店品牌

導讀

　　飯店品牌在經過價值的提升以後，具有了向外擴張的衝動和能力，品牌的運營也具有了更多的戰略層面的意義，與企業的集團化和多元化關係也更加密切。本章探討如何透過各種途徑推動品牌擴張，從而獲得企業的發展壯大。第一節探討品牌擴張的內涵、原因，以及中國本土飯店品牌在中國外擴張的障礙。第二節從擴張戰略的層面探討如何透過產品線擴展、品牌延伸、多品牌和合作品牌等策略，來擴張飯店品牌。第三節探討品牌擴張的具體途徑，包括管理合約、特許經營、租賃經營和新建、收購、兼併、控股、合資等方式。

第一節 如何理解飯店品牌的擴張

　　飯店品牌的擴張既是飯店品牌發展的必然結果，也是飯店合理利用品牌資源的重要方式。

一、飯店品牌擴張的內涵

　　關於品牌擴張，每個人的理解不同，在飯店企業界和學術界也有所差異。我們先來瞭解一些有代表性的觀點。劉鳳軍（2000）認為，品牌擴張就是品牌擴展或品牌延伸，指企業將某一知名品牌或某一具有市場影響力的成功品牌擴展到與成名產品或原產品完全不同的產品上，以憑借現有成功品牌推出新產品的過程。王慶江（1999）則將品牌擴張戰略稱為品牌縱深戰略，認為該戰略應包括品牌延伸策略、品牌規模化策略和品牌多樣化策略。陳放認為，品牌擴張是一個具有廣泛含義的概念，它涉及的活動範圍比較廣，具體來說，品牌擴張指運用品

牌及其包含的資本進行發展、推廣的活動。它是指品牌的延伸、品牌資本的運作、品牌的市場擴張等內容，也具體指品牌的轉讓、品牌的授權等活動。

綜上所述，品牌擴張是一項綜合性的企業戰略活動，包括兩個層面的擴張：單一品牌的擴張和品牌系列的擴張。單一品牌的擴張指該品牌的產品規模的擴張（如某一飯店增加本飯店的客房數量）、產品線擴展、向其他地區的擴張和品牌延伸等，即深度挖掘和利用該品牌的價值。品牌系列的擴張指企業採用多品牌、新品牌和合作品牌等品牌策略，來謀求品牌的多樣化和系列化，從一個品牌發展到多個品牌，占領更多的細分市場，可以理解為品牌的橫向發展。參見表6-1。

表6-1 飯店品牌擴張的內涵

品牌擴張層面	擴張形式	擴張方向	擴張本質
單一品牌的擴張	產品規模的擴張、產品線擴展、向其他地區的擴張(包括國際化擴張)和品牌延伸等	品牌向縱深發展	涉及到規模擴張、地域擴張、產品多樣化、市場多樣化，以及品牌的轉讓、合同管理、特許經營和資本運作等內容
品牌系列的擴張	多品牌、新品牌和合作品牌等品牌策略	品牌向橫向發展	

例如，凱悅酒店集團（Hyatt）和雅高集團（Accor）在品牌擴張方面提供了鮮明的對比。凱悅採用的是品牌延伸戰略，凱悅的名字出現在其下屬的凱悅勝地、凱悅攝政管轄、凱悅套房和凱悅公園等酒店中。雅高實行的是多品牌戰略，其下屬品牌包括索菲特、諾富特、宜必思、6號汽車旅館、一級方程式等，針對各個地域和不同檔次的細分市場。

單一品牌的擴張和品牌系列的擴張，往往交織在一起，並沒有嚴格的界限。不管怎樣，品牌擴張都要涉及到規模擴張、地域擴張、產品多樣化、市場多樣化，以及品牌的轉讓、合約管理、特許經營和資本運作等內容，這些才是擴張的本質內容。

二、飯店品牌擴張的原因

（一）企業實力增強的必然要求

當一個飯店品牌經營成功後，飯店的擴張動力也在增加。一方面，飯店需要

透過品牌的擴張，進一步加強品牌的優勢，使資金、人才、技術、管理經驗和客源等優勢向外延伸，達到對品牌資源的充分利用，從而降低品牌管理的成本，同時獲得對品牌投資的回報。另一方面，其他飯店也會主動尋求與成功品牌的合作，以加強自身的經營管理水準，儘管不一定會使用這一品牌，但該品牌仍然會透過培訓、外派管理人員、管理模式的推廣等形式滲透到新的飯店。

（二）企業增強競爭力的重要途徑

品牌擴張既是飯店實力增長的必然要求，也可以是飯店增強競爭力的重要途徑。對於飯店業來說，一個飯店集團的規模和在某一區域的布局是十分重要的，沒有規模和經營網絡就難以真正做強。尤其當中國外的競爭對手，透過在重要的城市和區域進行布局，或推出、引進新的品牌等方式進行品牌擴張時，會打破原有的競爭格局，使原有企業的收入、利潤、市場份額、品牌影響力等受到影響。在這種形式下，原來的優勢企業必須選擇適當的方式，進行品牌的擴張，以保持自身的競爭優勢。歐美飯店集團的擴張戰略，無論是在非洲、南美還是亞太地區的擴張，無不是為了獲得在全球市場的競爭力，甚至是透過在其他地區的擴張而提高自身在中國和本區域的影響力，其業務數據可以提供很好的證明。中國的華天酒店集團，也是透過在湖南省內多個城市的飯店項目和其他產業的擴張，獲得了強有力的競爭優勢。

（三）企業規避經營風險的需要

飯店業與狹義的旅遊業、當地的經濟狀況等息息相關；而狹義旅遊業又確實易受多種因素的影響，經營的波動性較大。因此，企業透過利用品牌進行多元化經營，或在其他城市、區域拓展多個飯店項目等方式，來規避風險，而且品牌擴張本身就是一項成本較低、風險較低的擴張方式，這樣企業就可以避開飯店業中的經營波動，也可以不受某一地區的經濟、社會和政治等因素的影響，達到良性的資產和業務組合，保證了企業的平穩發展。在這個方面，跨國經營的飯店集團深有體會，其國際化程度越高，經營的主動權就越大，受某一個國家或地區的環境變化影響就越小。

三、中國本土飯店品牌擴張的障礙

（一）中國擴張的障礙

本土品牌的飯店在中國的擴張有一定優勢，這是毫無疑問的。我們將在下面兩節相關內容中進行探討，這裡主要考慮擴張的障礙。

1.品牌的影響力不足

目前，中國市場上具有中國全國性或多個地區影響力的飯店品牌，可以說幾乎沒有；現有的品牌，多是某一地區的知名品牌。例如，浙江的「開元」和「世貿」、湖南的「華天」等。這樣，品牌的市場號召力就不強，就不容易得到其他地區顧客的認可。品牌影響力不足，與其客源市場主要以當地區域域為主有關，也反映了本土品牌的飯店對客源控制能力的不足。究其原因，還在於飯店品牌建設和管理水準的低下，缺乏成功的品牌管理模式，而且目前飯店業更多的是公司品牌，如錦江酒店集團和雅高集團，而針對不同細分市場的服務品牌（如雅高旗下的索菲特、諾富特和宜必思等）則十分缺乏。另外，品牌的影響力對業主的觀念也產生了影響，業主有時更傾向於選擇影響力更大的國際知名品牌，從而把本土品牌排除掉。

2.品牌擴張缺乏資本的支援

品牌的擴張需要資本的支援，如果不能透過管理合約、特許經營等低成本的形式進行擴張，就需要採用資本擴張的方式，即透過新建、收購、兼併和控股等方式擴張。後者是品牌擴張的高級形式，在歐美，飯店業已經出現幾次併購高潮，而中國的飯店集團對此還比較陌生。目前，中國市場能夠大規模採用資本擴張方式的飯店集團還很少。一方面，飯店集團自身積累不足，還不具有這樣的資金實力；另一方面，飯店業自身的盈利能力不被投資者看好，銀行、證券、保險和基金等金融資本以及其他產業資本不願意主動介入飯店業，飯店企業上市融資也不容易，中國的產權市場也不健全。沒有資本的支援，品牌擴張就會顯得力不從心。

3.飯店產業和客源市場的發育不充分

一方面，很大比例的飯店還沒有成為市場競爭的主體，這些飯店沒有形成多

元化的投資主體，現代企業制度也不健全，盈利動機不強，可能還受上級主管部門和企業的直接管理，飯店還被當作可以牟取個人私利的一項重要資產。在這種背景下，業主自然不希望管理公司的介入，即使交給管理公司，在合作方面也會埋下隱患。另一方面，對於客源市場來說，顧客的成熟程度也決定了品牌的擴張能力，成熟程度表現之一是顧客對品牌的認可和忠誠度。如果顧客更多的在乎價格、促銷和星級等因素，那麼品牌的發展是缺乏客源市場支撐的，而客源市場是品牌發展最重要的市場基礎。

（二）國際擴張的障礙

國際擴張的障礙，比中國擴張的障礙更大。主要原因是飯店集團對於陌生的環境把握能力下降，面臨的未知因素太多。

1.政治和法律障礙

國與國之間的政治和法律環境差異往往較大，政治方面的影響自然十分嚴重，這對飯店的打擊往往是毀滅性的。例如，飯店的財產可能被無償占用或收歸國有。法律方面，主要涉及到投資、融資、稅收、會計、進出口、就業、外匯管理、消費者權益保護等方面的法律法規。由於對國外政治、法律環境的不熟悉，需要一個較長的時間適應和學習，並付出一定代價，這也是中國本土飯店遲遲不能大舉向海外發展的一個重要原因。

2.文化和語言障礙

國際擴張涉及的文化衝突很多，包括東道國的社會文化、員工的文化背景、客人的文化背景、飯店集團的企業文化等多個內容，涵蓋飯店集團與當地社會和政府部門的溝通、對客服務、飯店的內部管理等多個方面。飯店集團的企業文化和當地的社會文化是矛盾的主要方面。飯店集團必須在兩者之間找到平衡，使在東道國的飯店既有當地特色，又保持集團的一致性。對於中國飯店集團來說，在東南亞擴張顯然具有文化方面的優勢。

3.經營管理方面的障礙

經營管理的障礙包括飯店集團對當地飯店的有效控制問題，包括保持集團統

一的服務標準、管理模式、對飯店的財務監督和控制、對外派人員的管理等方面，也包括飯店經營方式、策略的調整以及內部管理的問題，如採用當地接受的營銷方式、提供當地認可的產品和服務、選擇合適的供應商和合作夥伴、內部管理方式和規章制度的調整等。

以上是幾個主要方面的障礙。當然還包括品牌影響力和資本等方面的障礙。除此以外，飯店集團還應該選擇一個合適的擴張時機，可以根據自身的發展戰略規劃，或者根據當地飯店業的發展機會來確定，沒有合適的時機對於擴張戰略也是一種障礙。

第二節 如何利用品牌戰略進行擴張

上一節我們探討了如何理解品牌擴張，接下來我們需要瞭解品牌擴張的具體工具或者說是方法，即通常所說的品牌發展戰略。合理運用這些工具，我們就能夠達到預期的目的。

一、產品線擴展戰略

簡單地說，產品線指的就是一組作用和功能相似的產品，大部分飯店主要有住宿、餐飲和休閒娛樂等幾條主要產品線。產品線的擴展，既包括在一個飯店的某一產品線內增加新的產品項目，或增加原有項目的營業面積、接待能力，也包括增加不同種類的產品線，但都使用的是同一品牌，擴張的範圍都侷限於一個飯店的主要產品（如果超出了，則是品牌延伸戰略）。因此，我們可以認為，這是一個飯店在原來的地點，透過裝修、改建、擴建或新建等方式達到規模的擴張和產品組合的優化。表6-2提供了飯店產品線的具體內容，每個飯店都可以根據自身特點來選擇和參考。

表6-2 一個飯店的產品線種類和構成

產品線種類	產 品 項 目
住宿	設施齊全並提供全套服務的公寓或套房、獨立自炊式寓所、兩居室或三居室的自助式套間、家庭式客房、雙人間、單人間等
餐飲	宴會廳、各種風味餐廳、咖啡廳、大陸式餐館、客房送餐服務
飲料和酒吧	客房送餐服務、客房內迷你酒吧、雞尾酒酒吧、大堂酒吧、雅座酒吧、俱樂部酒吧、普通酒吧、餐廳酒吧
娛樂	夜總會、樂隊、舞蹈、活動劇場、餐廳裡的歌舞表演、電影出租、遊樂廳
商務服務	會議室、會議設施、電腦、傳真機、文秘服務、複印、翻譯服務
各種商店	擁有各式各樣的商品
個人服務	洗熨衣服、理髮、指甲護理、美容、服裝出租、托兒所、嬰兒看護、兒童娛樂場、保姆、駐店醫師、藥劑師、護士
休閒設施	游泳池、桑拿、按摩、健身中心、健美操等
運動設施	網球、高爾夫球、壁球、滑雪、航海、馬術等
消遣娛樂	租車、大型豪華轎車、麵包車、船、觀光旅遊、劇院、運動、訂票等服務
個人用品	洗漱用品、毛巾、浴衣、拖鞋、運動衫、禮物、紀念品等

*資料來源：〔美〕尼爾·沃恩著，程盡能等譯，飯店營銷學，北京：中國旅遊出版社，2001年第1版，第83頁

　　產品線擴展是一種相關性較強的擴張形式。由於面對相同的顧客群，都在同一飯店內推出，能夠進一步完善飯店的產品組合，因而更容易成功。其不利之處在於，如果僅僅侷限於飯店的主要業務，會限制品牌資源的擴張範圍，無法實現品牌價值的最大化。這種擴張侷限於一個飯店內，不能實現大規模的、迅速的品牌擴張。

　　二、品牌延伸戰略

　　品牌延伸戰略，我們可以理解為飯店品牌向其他的飯店細分市場或其他產業的延伸和滲透。品牌延伸採用的是單一品牌策略，多種產品、多個企業使用同一品牌，即所有產品不論相關與否，均使用同一品牌。向其他的細分市場的滲透，可以參考上一節凱悅酒店集團（Hyatt）的例子。品牌延伸可以侷限於飯店的相關產業，形成橫向擴張或縱向擴張，但都是相關多元化；也可以完全脫離飯店業及相關產業，形成非相關多元化。但一般來說，品牌延伸已經超越了某一個具體

飯店的空間範圍或原有的業務範圍，是企業集團化的雛形。

（一）向其他的飯店細分市場滲透

向細分市場滲透可以按客源、飯店檔次、飯店規模、飯店類型、地理分布等來細分市場，選擇幾個細分市場採用同一品牌。例如原來的商務飯店品牌，可以向渡假飯店、會議飯店、公寓等延伸，但對原品牌應有適當改變。中國的凱萊酒店集團（在香港註冊）採用的就是品牌延伸策略，它在中國的飯店都是叫做凱萊大酒店、凱萊商務酒店或凱萊渡假酒店等。

（二）橫向擴張

企業可以選擇向食品加工、社交酒吧、快餐業、娛樂休閒場所、運動場所、汽車租賃、廣告、景點、物業管理、裝修、房地產投資等領域擴張。

（三）縱向擴張

首先，企業可以選擇控制或擁有自己的供應商，如食品、飲料、肉類、蔬菜、鮮花、棉織品、辦公用品、飯店家具、飯店設備等，甚至是提供飯店電腦管理軟體的公司。其次，企業可以向為自己提供客源的產業擴張，如旅行社、客運公司、訂房公司、飯店專業網站等。

以湖南華天大酒店股份有限公司為例。該公司屬旅遊服務行業，經營範圍為：提供住宿、餐飲、洗衣、物業清洗服務；投資汽車出租、文化娛樂產業；生產、銷售電腦軟硬體並提供電腦集成科學研究成果轉讓；零售香煙。下屬控股子公司包括華天國際酒店管理有限公司、華天文化娛樂有限公司、湖南華天訊息產業有限公司、湖南華天光電慣性導航技術有限公司等。

（四）進行非相關多元化

這時，企業考慮更多的可能是分散風險或追求其他產業更高的利潤率。這時飯店可能是所屬集團的一個業務板塊，集團還有其他的業務板塊，這一品牌可能歸集團所有，品牌延伸是所屬集團做出的發展策略。一些高檔飯店已經把礦泉水、客用品和辦公用品等印上了自己的品牌，但還遠遠不夠。

毫無疑問，這種策略能夠最大限度地利用該品牌的資源和優勢，實現品牌價值的最大化。透過在多個產業的多個產品的延伸，可以使新產品更容易被市場接受，從而進一步擴大了品牌影響力，提升了品牌價值；同時，節省了新品牌的設計、註冊和推廣費用，極大地降低了任何一類產品的品牌管理成本和費用。

當然也有不利之處。如果某一種類的產品出了問題，會波及其他產品，從而損害該品牌在飯店業務上的影響力。如果該品牌涉及的產品範圍太廣，產品之間差異性太大，也會在顧客心中造成品牌形象和定位的模糊，讓顧客搞不清品牌代表的產品和特徵，從而給品牌的宣傳和推廣帶來困難。例如，某一大型國有企業下屬的一家四星級飯店和一家無線電，採用同樣的品牌名稱和標誌，由於無線電的廣告力度更大、使用者更多，導致提起該品牌時，人們更多地會聯想到無線電，飯店反被認為是該無線電的辦公大樓，而實際上該無線電只是占用了飯店的三層辦公室。

因此，進行品牌延伸時，品牌必須具備兩個條件：一是該品牌有較大的影響力，包括知名度和名譽度，具備向其他產業輻射和滲透的能力，尤其當相關產業缺乏強有力的品牌時，更容易奏效。二是該品牌延伸到的產品，應該也是所在產業中有一定影響力的，這樣才能保證品牌形象不會受損。但有一點須注意，應保證品牌形象的突出和清晰，可以著重突出其作為飯店品牌的形象，也可以著重宣傳飯店所屬的企業集團的形象，這時的飯店品牌已經變成了該集團的企業品牌。

三、多品牌戰略

企業採用單一品牌策略往往不能滿足顧客多樣性的需求，並且容易造成品牌形象的模糊，而多品牌策略正好能解決這一問題。多品牌戰略一般指企業在同一類產品中採用多個品牌進行競爭和擴張的戰略，即該類產品中的每個產品都有自己的品牌。對於飯店業來說，多品牌意味著每個細分市場採用一個品牌，即按照客源類型、飯店檔次、飯店規模、飯店類型、地理分布等的差別採用不同的品牌，每個品牌有不同的市場定位。

有些企業的多品牌策略獲得了成功，其主要原因在於：第一，透過多品牌的組合優勢，可以占領更多的細分市場，從而提高市場份額。因為不同品牌可以滿

足不同偏好、不同檔次以及不同地區的顧客需要，組合起來的顧客規模自然十分可觀，市場的涵蓋率自然提高。而單一品牌無論如何變化，其適應性都無法超過多品牌。第二，多品牌策略有利於提高企業抗風險的能力。多個品牌之間既有聯繫，更有區別，每個品牌都是獨立的，一個品牌的失敗不容易波及其他的品牌，其他品牌可以繼續保持競爭優勢，從而不會輕易動搖品牌的組合優勢，何況飯店集團往往在不同區域採用不同品牌，同一區域也採用不同檔次和特點的品牌，客源市場很難把一個品牌與另一個品牌聯繫起來。

當然，多品牌策略對企業的綜合實力和品牌管理能力要求很高，需要對品牌進行較多的投資，還必須使多個品牌發揮出組合優勢。多品牌也使企業形象的建立變得困難，企業對各個品牌的資源分配也變得複雜。

（一）個體飯店的多品牌策略

對於飯店業來說，其實多品牌首先存在於一個具體的飯店內部。作為飯店的經理人應該考慮是否在自己的飯店內部實行多品牌策略，實現的途徑有兩條：即引進知名品牌和自創系列品牌。引進知名品牌的例子很容易找到，很多高星級飯店引進了在社會上知名的餐飲品牌、酒吧品牌、娛樂品牌（如夜總會）、運動健身品牌（如健身俱樂部）和知名服裝專賣店等。引進最多的應該是餐飲品牌，主要是以各地風味為特色的知名品牌，如廣東、上海、杭州、北京等地正宗的道地菜，尤其是魚翅、鮑魚等海鮮，以及帶有異域風格的東南亞、南美、意式、法式和俄式等特色飲食。自創品牌的例子也不少見，如享有盛譽的北京飯店的「譚家官府菜」。

簡單地說，一個飯店有多少個產品類別，就可以出現多少個品牌。引進品牌可能源於飯店不擅長或不願意經營某一類產品，如夜總會等，而作為飯店整體產品組合來說，又不能缺少。飯店透過引進品牌可以獲得穩定的租金收入，並集中精力做自己擅長的客房等產品，有利於飯店與其他品牌的優勢互補。另外一個原因，就是吸引顧客，提升飯店檔次和知名度。自創品牌則往往與飯店的發展戰略有關。不管怎樣，這都是一個經營理念的問題。成功的飯店內部品牌，無論引進的還是自創的，往往成為最受歡迎的飯店項目，它們在一些顧客心中的影響力甚

至超過飯店整體。作為一個飯店的經理人，需要考慮如何平衡內部品牌與飯店整體品牌的關係，這有點像百貨商場與商場內各個品牌專賣店的關係。還需要考慮飯店的品牌發展戰略，是發展飯店整體品牌，還是著力打造某一內部品牌，如果飯店準備著力打造自己的餐飲品牌，並要在社會上開展連鎖經營，餐飲品牌的影響力超過飯店整體品牌是件好事。

案例6-1

杭州香溢大酒店 全力打造多元化餐飲品牌

香溢大酒店是浙江省旅業集團——香溢旅業的核心旗艦酒店。五年來，該酒店一直致力於走品牌化發展道路，是浙江唯一榮獲「中國旅遊知名品牌」稱號的飯店。香溢大酒店在餐飲上積極拓展品牌化經營，自創系列品牌，引進知名品牌、在飯店業中打造出了一個高品質、多元化的獨特餐飲品牌。

鮑魚品牌——「一德鮑魚」。2003年成功引進頂尖品牌，在21樓貴賓房新開「一德鮑魚」館，主理地道的「一德鮑魚」。

中餐品牌——「新香園」。2002年《杭州日報》頭版刊登廣告「20 萬年薪聘請社會中餐名廚」，拉開「香溢」新香園中餐接軌社會餐飲、叫板社會餐館的序幕，引領杭城賓館與社會餐館相互學習、共同發展。有了名廚打理，有了社會餐館靈活經營，加上賓館的星級服務，使400個餐位的餐廳座無虛席，經濟效益猛增四成。

日本料理品牌——「伊勢路」。近年來，根據杭州日本商務客人日益增多的新情況，「伊勢路」日本餐廳2003年在酒店二樓開幕，由日籍人士擔任廚師長及餐廳經理，餐廳以烹製杭州獨一無二的日本關西地區傳統家常風味菜餚為主要經營特色。

自助餐品牌——「雅苑」。一直以來，杭城高星級酒店自助餐只有一流環境、一流菜餚、一流服務，卻沒有產生一流效益。去年香溢大酒店在「聚人氣、

聚財氣、聚靈氣」的創新經營理念指導下，在自助餐上大膽尋找新的突破點，在酒店二樓「雅苑」成功推出以海鮮、燒烤等為特色的中西自助餐美食節，如今它已成為杭城酒店中人氣最盛的自助餐之一。

*資料來源：新浪網站http://www.sina.com.cn.2004-9-5

（二）飯店集團的多品牌戰略

國際知名的飯店集團往往採用多品牌。中國的錦江集團和首旅集團也已經形成了多個飯店品牌的格局。例如，錦江集團斥巨資請國際著名的美國蘭德公司進行集團企業的分品牌設計、商標設計和理念設計，將集團酒店分成7個品牌，包括五、四、三星級各一個品牌，還有經典型酒店品牌、渡假村酒店品牌、酒店式公寓和錦江之星品牌。

多品牌的產生，源於一個飯店集團想要進入新的細分市場，尤其是進行跨地區或跨國經營時。對於一些規模較大的市場，如一些大城市，一個飯店集團往往在一個城市內推出多個品牌，達到最大程度的市場涵蓋，例如，在北京、上海、廣州和深圳這四個在中國擁有超級規模飯店市場的城市，萬豪集團採取了全方位的品牌拓展方針。要想完成多品牌戰略，透過一個一個品牌的建立是不切實際的，需要採取收購、兼併和控股等方式迅速完成，因此需要銀行、保險、證券和基金等金融資本的支援，需要戰略性的合作夥伴。透過多品牌戰略，可以形成業務組合和市場涵蓋的優勢，同時可以利用次要品牌保護集團的主要品牌，避免競爭對手的進攻，這是國際飯店集團成長的重要途徑。

這時需要處理好集團整體品牌與各個飯店品牌的關係，在推廣單個品牌的同時，注意宣傳集團的品牌。例如，首旅集團就需要整合旗下的凱燕、建國、如家等品牌。

四、合作品牌戰略

合作品牌，也稱為雙重品牌，指的是兩個或兩個以上的品牌在同一個產品上使用，如「一汽大眾」，是「一汽」和「大眾」兩個品牌的聯合。對於飯店業來說，一般最多是兩個品牌的同時使用，而且採用企業品牌的聯合更合適，對兩個

企業都是有利的，會對品牌的影響力產生積極的促進作用。合作品牌的使用，可能源於一個品牌需要借助另一個品牌來獲得競爭優勢，處於弱勢的品牌往往要以一些代價獲得合作機會。例如，中國某一飯店集團曾打算與國際某一知名飯店集團合作，品牌名稱採用兩個企業品牌名稱的組合，但前提是中國這家集團須把旗下的飯店都換為新的合作品牌，這樣就使得這家國際集團輕而易舉地在中國迅速擴張。這時需要考慮合作期限的問題，當時機成熟時，就應及時單獨推出中國品牌。合作品牌的使用也可能源於共同開拓新市場、降低風險、實現優勢互補的需要。例如，假設中國某一品牌與國際某一知名品牌聯合推出一個經濟型飯店的品牌，同樣採用兩個品牌名稱的組合，我們可以假設它是「首旅日航」。另外，合作品牌也可能是飯店業主和管理公司合作的產物，業主可能要求飯店品牌名稱和標誌必須體現出業主的特色和相關內容。儘管合作品牌在中國飯店業還不多見，但有的飯店集團已經和國際飯店集團進行了相關的探討和磋商。

以上是與飯店業密切相關的幾種品牌擴張戰略，品牌擴張是企業發展戰略的核心之一，但擴張面臨著很大的風險，從一個產業到多個產業，從一個品牌到多個品牌，經營管理的難度大大增加了。因此，擴張失敗的案例也不少見，它並非適合任何企業。如果某企業是一個基於品牌經營和管理的企業，那麼它的品牌擴張活動就很可能成功。

第三節 如何選擇品牌擴張的途徑

上一節，我們探討了品牌擴張的幾種戰略。對於企業來說，必須要採用一些具體的商業運作模式來實現各種品牌戰略。對於飯店業來說，最常用的就是管理合約、特許經營、租賃經營以及新建、收購、兼併、控股、參股等資本擴張方式。

一、組建飯店管理公司

（一）確定旗艦飯店與擬組建的管理公司的關係

旗艦飯店與管理公司哪一個作為母公司，哪一個作為子公司，這涉及到管理

公司的職能定位、新管理層的組建和人員安排等重大問題。

例如，1995年12月成立的華天國際酒店管理有限公司（以下簡稱華天國際），是由華天大酒店股份有限公司投資組建的，註冊資本100萬元人民幣，經營範圍為酒店管理諮詢服務等。華天大酒店作為母公司占90%的股份。管理公司是子公司，在對外發展連鎖託管業務時，是以華天國際的名義進行的。當然，也可以先組建管理公司，由管理公司作為控股母公司，下屬酒店作為其子公司，由管理公司打造品牌，這樣一種思路似乎更適合於進行品牌擴張。

（二）確定品牌發展的策略

管理公司在拓展市場時並不全靠自己投資，管理公司需要確定自身的主要拓展方式和發展規劃。一般先用投資加管理的辦法，建立自己的飯店品牌，然後再加大委託管理和特許經營的力度，擴大市場占有率。例如，雅高集團的飯店業務，投資（有產權）及管理的僅占33%，租約（無產權）及管理的占36%，合約管理的占19%，特許經營的占12%，這是雅高集團迅速占領全球市場的重要途徑。華天國際的近期（2010年前）發展步驟是以託管、租賃、顧問管理、開業管理等為主要方式，以兼併、聯合、參股、控股為輔助方式，迅速擴大規模。

（三）選擇合適的註冊地

選擇合適的註冊地涉及到管理公司適用的法律法規，尤其是納稅方面的法律。例如，在香港註冊和內地就有很大區別，因為適用的法律不同，而且在香港註冊後在大陸投資，享受外商投資的優惠政策，這無疑是十分有利的。凱萊國際酒店管理有限公司是由中國糧油食品集團（香港）有限公司投資創建的，1992年在香港註冊後，在瀋陽、哈爾濱、北京、三亞等地大學投資經營飯店，2004年旗下的飯店數量達到16家，客房近4,000間。

（四）根據自身情況確定飯店管理公司的組織結構

組建管理公司可以根據自身情況確定組織結構。例如，開元旅業集團下屬的飯店管理公司，下設營銷部、人力資源部、財務部、業務發展部、營運指導部、物資配送中心等職能部門。

（五）制定統一的管理模式

管理公司透過提煉自身的飯店管理經驗，汲取中國外成功飯店的管理經驗，並參考ISO國際標準體系，來制定本管理公司的《飯店管理標準手冊》，作為加盟飯店的管理指南。例如，建國國際編製的《建國國際酒店管理標準手冊》和《運營手冊》，採用的基礎管理模式是北京建國飯店的經營管理模式，從而提高酒店管理的標準化程度，使品牌連鎖經營更具可操作性。

（六）完善管理公司的調控功能

完善管理公司的調控功能主要是透過訊息技術手段，如企業內部網路和飯店的電腦管理系統，加強管理公司與所屬飯店的聯繫，及時瞭解各飯店的經營動態，成立統一的數據中心和客房預訂中心，實現訊息共享和客源共享。

（七）構築統一的配套保障體系

當飯店集團規模足夠大時，可以組建飯店用品公司、裝修公司、綠化和清潔公司、旅遊公司、財務公司等飯店配套企業，為連鎖經營提供後勤保障。這些公司還可以開展對外經營業務。這樣可以發揮集團的規模效應，大大降低連鎖飯店的經營成本。

在「2004　中國飯店業集團化發展論壇」上，中國旅遊飯店業協會公布的2004中國飯店業集團（管理公司）數據統計令人振奮。據不完全統計，目前中國共有160餘家飯店管理公司，同比去年增加近50家；管理飯店1,060餘家，比去年增加300家左右（參見表6-3）。其中的16家中國飯店管理公司已經成為品牌先鋒，其管理規模已進入了全球300強，說明中國飯店業品牌民族化和規模化發展取得了實質性進展。

表6-3 國際飯店管理集團（公司）進入北京和上海飯店市場的情況

	管理公司	北京飯店市場	上海飯店市場
1	雅高國際酒店集團	和平賓館、新僑飯店	海侖賓館、海神諾富特大酒店、東錦江索菲特大酒店
2	香格里拉酒店管理集團	嘉里中心飯店、中國大飯店、香格里拉飯店、國貿飯店	浦東香格里拉大酒店
3	洲際國際集團	國際藝苑皇冠假日飯店、金都假日飯店、五洲皇冠假日飯店、麗都假日飯店、長峰假日酒店、龍城皇冠假日飯店	新亞湯臣洲際大酒店、銀星皇冠酒店、浦東假日酒店、廣場長城假日酒店、古井假日酒店、上海外高橋皇冠假日酒店
4	喜達屋酒店集團	長城飯店、國際俱樂部飯店	瑞吉紅塔大酒店、太平洋喜來登豪達大酒店、威斯汀大飯店、浦東糧油大廈（FOUR POINTS)
5	萬豪國際集團	京廣新世界飯店、新聯新世界萬怡酒店、金域萬豪酒店、國航萬麗酒店	波特曼麗嘉酒店、萬豪虹橋大酒店、揚子 江萬麗大酒店、上海 JW萬豪酒店、上海淳大萬麗大酒店、齊魯萬怡大酒店、南新雅華美達大酒店、浦東機場華美達大酒店、萬豪行政公寓

續表

	管理公司	北京飯店市場	上海飯店市場
6	勝騰國際酒店集團	寶辰飯店	古象大酒店
7	凱悅國際酒店集團	東方君悅大酒店	金茂君悅大酒店
8	卡爾森酒店集團	天鴻科苑大酒店	興國賓館、蘭生大酒店
9	半島國際酒店集團	王府飯店	
10	瑞士酒店	港澳中心瑞士酒店	
11	瑞得生酒店集團	皇家大飯店	
12	富豪國際酒店集團		富豪東亞酒店、富豪環球東亞酒店
13	四季酒店集團		上海四季酒店

*資料來源：浩華管理顧問公司

二、管理合約

　　管理合約，有時也稱為「委託管理」，是國際飯店集團進入中國市場時最早採用的擴張方式，它是飯店的所有權和經營權分離的產物。管理合約，實際上是飯店業主和管理公司關於飯店經營管理的一個協議，管理公司透過合約獲得對接

管飯店的經營管理權，從而把該飯店納入管理公司的旗下，作為管理公司的一個成員，使管理公司的飯店品牌透過該飯店得到推廣，進一步擴大影響力（參見表6-4）。

表6-4 2003年全球開展「委託管理」飯店最多的10家公司 單位：家

排名	公　司　名　稱	委託管理飯店數量	全部飯店數量
1	Marriott international(萬豪國際集團)	858	2 718
2	Extended Stay America(美國長住飯店)	475	472
3	Accor(雅高酒店集團)	475	3 894
4	InterContinental Hotels Group(洲際飯店集團)	423	3 520
5	Tharaldson Enterprises(塔拉樂德森公司)	360	360
6	Société du Louvre(盧浮宮上流人士飯店)	345	896
7	Westmont Hospitality(韋斯特蒙特飯店)	332	332
8	Interstate Hotels&Resorts(跨州飯店集團)	295	295
9	Starwood Hotels& Resorts Worldwide(喜達屋酒店集團)	243	738
10	Hilton Hotels Corp. (希爾頓飯店集團)	206	2 173

*資料來源：2004年Hotels雜誌第七期，Giants Survey 2004，第38頁

對於想透過管理合約來擴張的飯店集團來說，可以選擇那些需要並重視專業化管理的業主，尤其是房地產開發商、持有大量飯店的銀行業（這些飯店可能是被抵押的資產或銀行自己投資的）以及各級政府機關、國有和民營企業等。

管理合約提供的服務包括：

（1）可行性報告和市場營銷調查；

（2）提供在規劃、設計、建築和內部裝修方面的建議和技術支援；

（3）提供設備的挑選、布局和安裝等方面的建議；

（4）簽訂契約、採購和建設方面的協議；

（5）起始階段的運營及開業；

（6）市場營銷、廣告和銷售促進；

（7）員工招聘及培訓；

（8）祕書工作、簿記工作、控制和彙報職能；

（9）技術諮詢；

（10）採購；

（11）中央預訂和國際預訂服務；

（12）運營飯店的管理人員；

（13）總部督導和控制。

以上是比較全面的管理合約內容，管理公司在擬定和簽署合約時，應該有法律和財務等方面的專業人員參與。對於新組建的管理公司來說，應該據此來不斷完善和提高自身提供相應服務的能力，在某些方面，例如市場營銷、廣告、促銷或預訂網路等，培養自己的競爭優勢，從而與其他管理公司展開競爭。

在管理合約的談判中，有很多談判要點，包括財務條款、行政管理條款、運營條款、市場營銷條款等。如果管理公司的目的是為了推廣品牌、擴大影響，就可以加強這方面相關條款的談判，在其他方面做出適當讓步，即透過降低管理費用、提供更多廣告支援等優惠條件，獲取對品牌更多的控制權，從而提高品牌的資產價值，透過品牌的價值提升而不是某個飯店的管理費用，來獲得長久收益。當然，有時業主無論如何也不會使用管理公司的飯店品牌，例如北京的嘉裡中心飯店、中國大飯店、國貿飯店都是由香格里拉集團管理的，但使用的都不是集團的品牌，那麼對於飯店品牌來說失去了擴張的機會，但經營成功後，可以提升管理公司或集團本身的企業品牌價值，從而增加下次談判的籌碼，同樣是有利的。

目前，管理合約這種經營方式出現了一些新的動向，如管理費用減少，合約期縮短，業主要求管理公司進行股權參與，業主要求加大對經營管理的監督和審批權利等，對品牌擴張造成了困難。

三、特許經營

特許經營，又稱加盟連鎖、契約連鎖或特許連鎖，也是一種飯店業主和管理公司之間的協議。管理公司（特許方）把自己的品牌使用權、管理模式、預訂網

路的使用權等透過特定的協議有償轉讓給飯店業主（受許方），並提供物資採購、市場營銷、廣告、培訓等方面的支援（參見表6-5）。特許方和受許方之間既非隸屬關係、控股母公司與子公司關係，也非代理關係、合夥人關係。一般來說，經濟型飯店比豪華飯店更容易利用特許經營的形式進行擴張。雙方交易的是特許經營權，但有時特許經營權不是直接轉讓給業主，可能會透過一些代理公司或第三方公司，經濟型飯店品牌「速8」（Super 8 Motel）就是由中國的公司負責在某一區域內進行特許授權。同時，該品牌已與美國馬瑞卡飯店管理公司達成意向性協議，授權馬瑞卡在四川地區進行「速8」的獨家特許加盟。

　　對於管理公司來說，使用特許經營的方式進行擴張是十分誘人的，它比管理合約的方式操作更簡單，擴張速度更快，擴張成本更低，收益也相對穩定。當然，特許經營比管理合約的方式要粗放一些，管理公司不具有對加盟飯店的直接經營管理權，加盟飯店可以自行管理，甚至請另一家管理公司來管理，這樣，加盟飯店有可能出現達不到要求的標準，失去控制或濫用管理公司的飯店品牌的情況，而特許經營的協議又難以迅速解除，讓飯店品牌受損。因此，管理公司需要根據業主的不同情況，採取適當的培訓和監督等措施，保證本公司標準和要求得到執行，確保公司商譽不受損失。

表6-5 2003年全球「特許經營」飯店最多的10家公司

排名	公　司　名　稱	特許飯店數量	全部飯店數量
1	Cendant Corp. (勝騰酒店集團)	6 402	6 402
2	Choice Hotels Intermational(精品國際飯店集團)	4 810	4 810
3	InterContinental Hotels Group(洲際飯店集團)	2 926	3 520
4	Hilton Hotels Corp. (希爾頓飯店集團)	1 808	2 173
5	Marriott International(萬豪國際集團)	1 765	2 718
6	Accor(雅高酒店集團)	964	3 894

續表

排名	公 司 名 稱	特許飯店數量	全部飯店數量
7	Carlson Hospitality Worldwide(卡爾森酒店集團)	852	881
8	U.S. Franchise Systems(美國特許經營系統)	470	470
9	Société du Louvre(盧浮宮上流人士飯店)	360	896
10	Best Value Inn Hotel Group(最佳價值飯店集團)	318	318

*資料來源：2004年Hotels雜誌第七期，Giants Survey 2004，第38頁

（一）特許經營的兩種典型模式

特許經營有兩種典型模式：一種是以發展特許經營業務來盈利的特許組織，特許方和受許方之間是完全的交易關係，受益的是特許方和受許方；另一種是戰略聯盟性質的飯店聯合體，由個體飯店之間聯合創立一個統一品牌，建立一個協調組織或總部，也發展特許經營業務，但這個聯合體是為成員飯店服務的，其總部是非盈利性的，受益的是受許方，即成員飯店。從下面的兩種模式可以看出，特許經營是品牌迅速擴張和實現全球化的必要手段，別的方式很難達到這種效果。目前看來，中國的特許經營還應採取第一種模式。

1.聖達特公司模式

聖達特公司總部在美國，不擁有任何飯店，只從事飯店品牌和相關智慧財產權的特許經營權轉讓業務，是全球最大的特許經營系統。2003年其旗下的全球飯店數量最多，達到6,402家，其中的天天客棧（Days Inn）、華美達（Ramada）和速8品牌的飯店，擁有的房間數均進入了2003年全球飯店按品牌排名的前十名，這三個品牌均已進入中國市場。

2.最佳西方模式

最佳西方是全球最大的飯店聯合體，公司總部在美國，旗下的飯店採用「最佳西方」（Best Western）這一品牌。2003年，最佳西方旗下的飯店達到4,110家，全球排名第三；「最佳西方」品牌的飯店擁有310,245間客房，排名全球第一。最佳西方的每個飯店都是獨立運營的，最佳西方僅作為一個戰略聯盟而存在，成員飯店支付會費以獲得品牌的使用權，一般包括一次性的特許費（按房間

數量收取）、基本費（每間客房每月幾美元）、市場營銷費（每間客房每月幾美元）和客房預訂費用（一般低於行業標準）。公司為成員提供市場營銷、廣告、公共關係、房間預訂等方面的服務。其總部是非盈利性質的，所有的成員會費和收入被用於公司的運作，其成員飯店則是盈利性的。

（二）特許經營需要注意的幾個問題

1.對特許經營業務進行評估，創建特許經營體系

管理公司需要考慮準備開展的該業務是否有市場機會，存在哪些風險，之後要建立自己的特許體系，包括編製特許經營的各種手冊（Know-How手冊，CIS手冊，加盟手冊）、特許經營合約以及加盟飯店的管理制度等，中間還涉及到不少法律問題。因此，最好聘請有特許經營經驗的專業管理諮詢公司、律師事務所等協助完成以上的工作，保證在大的方向上是正確的。它們一般可以提供市場調查、特許經營戰略規劃、特許經營體系的建立等方面的服務。

2.特許經營權的財務分析

特許經營權的財務分析即對特許經營權價值的評估。在開始特許經營之前，需要聘請專業結構對特許經營權價值進行評估，管理公司在此基礎上才能確定收費的標準（參見表6-6）。費用的數量和構成是業主關心的重點問題，一般包括一次性的初始加盟費用和預訂、廣告、品牌使用等按比例收取的維持費用。新建的管理公司可以在初始加盟費用方面做出適當讓步，與業主共同分擔更多的風險，透過提高的經營業績按比例獲得特許經營收入。

表6-6 特許經營費用的不同計算方法

項　　目	典　型　條　款	供　選　擇　條　款
初始費	超過35 000美元或300 美元乘以客房數	不固定數額加上前100間客房的平均房費
特許使用費	客房收入的4%	總收入的3%或最低每間客房每夜次 1.80 美元
廣告費	客房收入的1.5%	總收入的1%或最低每間客房每夜次 50美分
署名費	總收入的1%加後續費:地方許可證、保險和維修	只有初始費加後續費
培訓費	總收入的0.5%加培訓費	特許經營者必須承擔受訓員工的交通費和伙食費
預訂費	客房收入的3%,另加每次預訂費2美元	每次預訂費4美元;最低每間客房每夜次1.50美元
電腦終端費	每月400美元	無;或者客房收入的0.5%
客人優惠計劃	客房收入的0.5%	可能包括在廣告費中

*資料來源:〔美〕Gary K.Vallen,Jerome J.Vallen著,潘惠霞等譯,現代飯店管理技巧——從入住到結帳(第6版),北京:旅遊教育出版社,培生教育出版集團,第85頁

3.特許經營協議的類型

特許經營權的轉讓分為產品、品牌和經營管理模式等特許經營權轉讓,飯店業中常用的是品牌和經營管理模式的特許經營。在具體操作中,管理公司可以透過協議,要求一個業主只能經營一家飯店;或限定在某一地理區域內(如一個省)發展多家飯店;發展到高級階段時,管理公司可以將整體特許經營權轉讓,透過代理公司或第三方間接轉讓給飯店業主。這種方式尤其適用於分地區或全球擴張時,管理公司可以根據不同的目標選擇不同的發展策略。

4.管理公司對特許經營業務的管理能力

管理公司實際上相當於特許授權的總部。管理公司內部需要有專門的部門負責特許授權,具備維繫整個特許系統的組織管理能力,能夠對加盟飯店實施有效監控,同時具有較強的資金實力,加強在銷售、採購、培訓、廣告和財務等方面的影響力,使加盟飯店不得不考慮違約成本和預期經濟損失。

5.示範飯店

在開展特許經營業務的地區，應有一家示範飯店。示範飯店最好是管理公司控股並直接經營的，這也是成功企業的發展模式。例如，2002年5月，華東地區第一家如家快捷飯店——上海世紀公園店，改建工程開工，這標誌著如家酒店連鎖把「直營店」作為品牌發展的重點。

6.管理公司還應對加盟飯店進行篩選

管理公司應選擇那些擁有足夠資金，熟悉當地的飯店市場，信譽良好，並與當地政府部門保持著良好關係的業主。管理公司在開展特許經營之初應慎重選擇加盟飯店，不能盲目追求規模效應，確定一個合理的擴張速度，避免重速度輕質量。

管理公司在開展特許經營業務之前，需要認真衡量自身能力。如果品牌知名度不夠高，不具備完善的管理模式，當特許網路建立後，公司根本不能實行有效的管理和控制，也不能對加盟飯店提供足夠的幫助和支援，就不要貿然開展特許經營。特許方和受許方是一個利益共同體，這種利益建立在長期的信任和合作的基礎上，特許方應該避免短期行為。

目前，中國還沒有特許經營方面的專門法律，只能間接採用《商標法》、《合約法》、《智慧財產權法》、《反不正當競爭法》等。另外，企業的法律意識還不強，因此容易出現單方毀約、侵權和洩漏商業祕密等問題，這些對發展品牌特許經營造成了障礙。

四、租賃經營

除了管理合約和特許經營兩種擴張方式以外，租賃經營也是一種常用的方式。尤其當飯店的業主對經營飯店毫無興趣，只想獲得穩定的收益時，租賃經營對業主也是個不錯的選擇。租賃經營是一種介於管理合約、特許經營與控股、併購等資本擴張形式之間的方式，比管理合約、特許經營的風險大些，經營管理權更多些，但比控股、併購等投資少些，沒有對飯店資產的處理權。它的優點是管理公司可以在投資較少的情況下，獲得在若干年內對租賃飯店充分的經營管理權，不用擔心被飯店固定資產套牢，並獲得租金以外的經營利潤，而不是少量的管理費用或特許經營費用，管理公司的經營積極性更高。在進行租賃合約談判

時，管理公司需要爭取一個較長時間的租賃期限，以利於收回改造投資。

租賃經營在歐美地區具有較長的歷史，最初是擁有產權的飯店公司把飯店的房地產賣給其他投資者，然後從投資者手中租賃經營，即採用出售——回租的形式。之後出現了房地產投資信託公司，它們透過股票市場或借款來籌集資金購買飯店等房地產，然後透過房地產交易獲利。這些公司需要與飯店管理公司合作，它們提供了大量可以租賃經營的飯店。

目前，中國飯店業出現了局部過剩的情況，管理公司可以選擇那些管理落後、長期虧損、缺乏資金但有發展潛力的飯店，對其進行改造，利用自身的品牌、管理、資本、政府資源等方面優勢來擴張品牌，這是相對穩妥的方式，甚至可能成為公司業務和收入的重要組成部分。當然，每接管一家飯店就需要投入一定資金進行改造，但遠遠比新建飯店更節省時間和資金。

華天大酒店在這方面進行了成功探索，它的全權託管就具有租賃經營的性質，所謂的「託管費」也就是變相的租金。該酒店從1998年開始謀求酒店的連鎖託管，接連振興了湖南省內5家酒店，主營業務收入從1998年的15,961萬元，逐年遞增到2002年的32,764萬元，年均增長26%。2003年，被託管酒店的銷售收入占到了主營業務收入的一半。華天的連鎖託管，不同於「管理輸出」或特許經營式的「品牌輸出」，而是由公司控股子公司華天國際酒店管理公司全權託管，從而可確保被託管酒店完全實行華天模式。

案例6-2

湖南華天大酒店股份有限公司關於託管湖南芙蓉賓館的公告

本公司之控股子公司湖南華天國際酒店管理有限公司（以下簡稱酒店管理公司），與湖南芙蓉賓館簽訂託管協議。根據訊息披露規定，現將有關情況及託管協議主要條款公告如下：

一、芙蓉賓館的基本情況

湖南芙蓉賓館是隸屬於湖南省旅遊局的三星級賓館，地處長沙市市中心五一東路，交通便利，共有建築面積33,519平方公尺，現有正式職工300餘人，客房243間，餐飲、娛樂、動力和附屬設施齊全。

芙蓉賓館是長沙市首批涉外星級賓館，在湖南旅遊市場具有一定的影響力。

二、託管期限

根據協議，酒店管理公司對芙蓉賓館的託管期限從2003年5月15日至2018年5月15日止。託管期滿，如需繼續採取託管經營方式，同等條件下酒店管理公司享有續簽託管經營合約的優先權。

三、託管範圍及費用

「湖南芙蓉賓館」更名為「湖南芙蓉華天大酒店」，由酒店管理公司全面接管原有固定資產，並全權負責其經營管理，自負盈虧。

酒店管理公司須付託管費標準為：第一年、第二年為450萬元，第三年開始每年增加50萬元，達到600萬元為止，不再遞增。

四、其他約定

（1）酒店管理公司在託管後，按四星級賓館進行改造，酒店管理公司接受現有職工，按勞動法管理；

（2）託管期內，酒店管理公司不得將該酒店設施整體或部分抵押、償債或為他人提供擔保；

（3）湖南芙蓉賓館負責正式託管前發生的一切債權債務；託管期內，酒店的資產不得再行設置第三者權益。

湖南華天大酒店股份有限公司董事會

2003年4月22日

五、資本擴張方式：新建、收購、兼併、控股與合資

以上我們探討了幾種非資本的品牌擴張形式，實際上它們都或多或少涉及到

資本的擴張，如採用管理合約的形式時，業主可能會要求管理公司參股，甚至管理的飯店本來就是管理公司和業主共同投資建造的；特許經營時，需要有一定比例的擁有產權並直接經營的飯店，可能還涉及到對加盟飯店的貸款和融資；租賃經營涉及到對所租賃飯店的裝修改造和設備投資等。因此，品牌的擴張背後都有資本的力量在產生作用。

對於一個影響力還不夠大的飯店品牌來說，透過管理合約或特許經營擴張是件有難度的事，不得不採用新建、收購、兼併、控股、合資等資本擴張形式，然後直接經營，使用自己的品牌。有的飯店集團成立了專門的投資公司或資產管理公司，負責對新項目的投資和資產的經營管理。

資本擴張對品牌的主要作用包括四個方面：一是完成對某一飯店品牌的地理擴張或品牌延伸，如在飯店市場規模和效益較好的地區收購飯店，更換成要推廣的品牌，或收購其他檔次和定位的飯店，對要推廣的品牌用於被收購的飯店。二是完善飯店集團的品牌組合，即透過對其他集團的併購和控股獲得其品牌，與原有品牌構成涵蓋更多細分市場的品牌組合。三是完成業務的多元化。四是利用品牌價值入股，組建合資公司。因此，對於有資金實力的企業來說，實現對其他飯店集團的併購是最有效的品牌擴張方式，可以同時實現地理擴張和完善品牌組合。

例如，雅高集團在中國推廣宜必思這一經濟型飯店品牌時，首先是耗資3,500萬元在天津新建了一座宜必思飯店，採取全資管理的形式。在進入北美市場時，則是透過幾次收購，如1990年以13億美元收購6號汽車旅館（Motel 6），1999年以11億美元收購紅屋頂客棧（Red Roof Inns）。它還透過併購涉足旅行社、餐館、娛樂、汽車出租等業務，並於2001年5月成立了與首旅集團合資的雅高旅行社（BTG Accor Travel）。

對於一個準備擴張的企業來說，必須考慮清楚企業的發展重心，是以經營管理飯店為主，還是為了獲得飯店建築物和土地等不動產的升值，這將決定企業的投資策略。例如，浙江的開元旅業集團的模式就是「以飯店創品牌形象，以房產創經濟效益，綜合開發，互動發展」，現已成功地開發了杭州開元名都、杭州千

島湖開元渡假村、上海松江新都等高檔綜合性物業，大大加快了企業發展，集團還計劃在下一階段實施產權式飯店銷售管理模式，把飯店、房產互動發展戰略進一步深化。

一個飯店集團的資本擴張，必須解決好資金的渠道問題，是銀行貸款、上市融資、發行債券、風險投資，還是選擇合資夥伴、戰略投資者。例如，華天大酒店走的是上市融資的道路；首旅集團發行了10億元企業債券；如家酒店背後有國際風險投資的支援。有的飯店集團擁有產權的飯店集中在一個城市，可以採取產權置換或股權置換等方式，減少在當地擁有的飯店，將置換出的資本去外地投資，以加快形成中國全國性的網路。

實際上，管理合約、特許經營與資本擴張形式是相輔相成的。能利用管理合約或特許經營說明飯店的品牌管理已經十分成熟，品牌影響力足夠大，具有很強的獲利能力，因此也更容易獲得投資者的支援。對於一個以品牌為核心的飯店集團來說，飯店只是一個品牌的載體。一般來說，一個飯店集團起初要用投資加管理的辦法，建立自己的飯店品牌，然後再加大合約管理、特許經營和租賃經營的力度，走的是一條由資本擴張到非資本擴張的道路，也是由產品經營、資本經營到品牌經營之路。

六、如何理解飯店集團化與品牌發展的關係

（一）沒有品牌就談不上集團化，品牌是變大變強的起點

綜觀成功的飯店集團，都十分擅長品牌的經營和管理，這是集團發展的較高層次。中國飯店在與國外飯店集團的競爭時，不完全是輸在管理上，更多是輸在品牌和網路上。一些飯店認為做大做強才能形成品牌，而沒有認識到品牌是變大變強的起點。對於一個集團來說，如果沒有品牌，在市場營銷、廣告、公共關係、採購和預訂等方面會遇到障礙，因為缺少一個共同的平台讓各個飯店施展本領，更無法發揮規模優勢。更重要的是無法在客源市場中形成影響力，失去了競爭的根基，無法開展管理合約和特許經營等擴張，這等於集團放棄了以品牌為代表的巨大的無形資產。例如，國有體制下的湖南華天國際酒店管理公司，依賴「土生土長」的「華天」品牌，實行低成本擴張策略，牢牢盯住湖南市場，一舉

成為中國的知名飯店集團。浙江世貿飯店管理有限公司，一直在堅守創建中國自主品牌上努力，公司成立4年來，已在浙江地區和海南接管了15家四、五星級飯店，客房數達到4,268間。

（二）品牌不是集團化的唯一因素

飯店集團的發展還不能離開資金、技術、營銷網路等因素，其中當地的文化和風俗習慣是一個重要因素。國際飯店集團雖然有強大的品牌優勢，但不一定適應中國公民這一巨大客源市場。以浙江省的情況為例，浙江飯店業中民營企業占70%多，十多個國際品牌多集中在杭州、寧波，經濟發達的溫州卻沒有國際品牌進入，也沒有中國品牌接管飯店。除國際品牌外，其他中國品牌在浙江管理的飯店也遠遠不如當地品牌成功。因此，品牌也不是集團化的唯一因素，當地的文化和習慣是中國品牌發展的支撐點，當地品牌飯店更瞭解當地風俗習慣及消費個性，使飯店設計、功能定位更確切，這似乎也印證了浙江的「世貿」、「開元」、「香溢」和湖南的「華天」等品牌的成功經驗。

（三）品牌連鎖並不是每家飯店都適合

對一個飯店集團來說，不一定要把旗下的飯店都納入品牌連鎖的體系內，一些具有典型特徵、獨特價值並難以複製的品牌，應該在集團內保留其獨一無二的地位，做成集團的精品飯店。例如，中國的北京飯店、上海的和平飯店等，都具有不可替代的地位，無法複製。在歐洲，就有一些經營良好的精品個體飯店，有固定的客源，並不連鎖，並成為當地的地標或文化象徵。

第七章 如何評估飯店品牌價值

導讀

　　飯店品牌的評估是企業併購、重組等重大經營活動的一個信號和開始。本章闡明品牌價值評估的重要意義，探討如何評估飯店品牌價值。第一節，探討品牌價值的內涵，品牌評估的重要意義，以及品牌價值的實現途徑。第二節，列舉各種品牌評估的具體方法，並結合飯店業的特點進行相應的分析。

第一節 為何要評估飯店品牌價值

　　關於品牌價值，在理論方面和實踐方面有不同的理解，對一個飯店經理人來說，瞭解飯店品牌價值的內涵和品牌評估的意義、方法，不僅需要瞭解本企業的品牌價值，還需要瞭解競爭對手的品牌價值，這樣才能更好地領導品牌建設和管理工作，有效地對品牌進行經營。

一、如何理解品牌價值

　　毫無疑問，品牌作為一項重要的無形資產，是有巨大價值的。品牌的價值可以從以下幾個方面來理解。

（一）從投資成本的角度來理解

　　一般來說，一個企業可以透過兩種途徑獲得某個品牌，即自己投資創建和出資購買，但不管怎樣，都涉及到一個投資成本的問題。當企業自己創建品牌時，需要在商標註冊、品牌設計、品牌推廣、品牌維護、品牌創新、品牌評估等方面耗費大量的資金、時間和人力，還有失敗的風險，這些投資和風險構成了品牌的

價值基礎。當企業購買品牌時，包括單純的品牌購買和透過併購企業等方式獲得品牌，對於品牌價值會有一個評估，從而確定一個價格，這個價格就是品牌價值。

（二）從未來收益變現的角度來理解

品牌的價值不完全體現在它的投資成本，更體現在品牌使產品或服務獲得更高的溢價（同等條件下，可以定更高的價格），使企業在未來獲得一個可預測的、穩定的收益。這種收益可以用未來的現金流來衡量，因此，品牌可以帶來未來的可預測的超額收益。把這種收益折算成現值，就是目前的品牌價值。

（三）從市場或顧客影響力的角度來理解

品牌價值的基礎是品牌對市場或顧客具有價值，使顧客避免各種購買風險，獲得各種利益，否則品牌對飯店的業主、管理公司、投資者、銀行等金融機構等就沒有價值。按照美國品牌研究專家大衛‧A‧艾克的觀點，品牌資產價值的構成要素為品牌知名度、品牌認知度、品牌忠誠度、品牌聯想，以及品牌的其他資產，包括商標、專利、客戶資源、企業文化、企業形象等。

因此，我們可以看出，對於品牌價值的理解有多個不同的角度，內容也十分豐富。品牌價值是一個綜合的概念，實際是品牌這種無形資產的價值量化。品牌的重要價值體現在它的增值能力，不僅品牌能夠使產品或服務增值，品牌本身也能夠增值，這種價值有時會遠遠超過品牌的投資成本形成的價值。

作為無形資產中最重要的組成部分，品牌價值之大，有時遠遠超出有形資產的價值。例如，2004年可口可樂的品牌價值是673.94億美元，已經遠遠超過其有形資產的價值，中國企業也有不少這樣的例子。但是，中國許多企業對品牌的價值還缺乏認識。例如，在招股說明中，許多上市公司「無形資產」一欄是空白。只有充分認識品牌的價值，才能有效地利用品牌開展資本經營。

二、評估品牌價值的意義

（一）評估的意義

品牌的價值是需要科學評估的，當然這在中國飯店業還沒有受到重視。品牌

是企業一項重要的無形資產。既然它是資產，那麼它就應該和飯店的土地、建築物、設備、設施等有形資產一樣，需要科學的評估。大多數公司在品牌管理過程中，依靠不完整不科學的衡量指標，如市場占有率和營利能力，往往缺乏長期考慮，這樣會損害品牌的長遠發展，影響到員工和股東的利益。因此，對品牌價值的科學評估意義重大。

經過權威的專業機構的評估，將品牌價值量化成可比較的數據，就可以知道飯店的品牌價值到底是多少，並透過與其他品牌進行比較，確定該品牌在市場上的地位和影響力，及時掌握品牌的發展變化情況，從而為企業的聯合、參股、控股、併購等一系列經營活動提供依據。更重要的是透過評估，對企業進行全面的清查，發現企業在品牌經營、內部管理、資本結構、企業效率、投資收益等各個方面存在的問題，為企業提供建設性的意見和建議。

品牌評估過程本身也是一次宣傳推廣活動。經權威機構的評估，透過在各類新聞媒體上發布的品牌評估過程和結果，可以迅速擴大品牌的影響，提高顧客、投資者、潛在的合作者等對企業的信心，從而支援企業發展。

（二）評估的時機

（1）當飯店面臨產權轉讓、企業改制、重組、清查、抵押貸款等重大活動，或進行全面整頓時，需要瞭解整體資產狀況，這時就需要從營銷、財務、法律等角度，對品牌進行細緻的評估，瞭解品牌的市場表現、經營業績、發展前景和競爭狀況等。

（2）當飯店準備輸出管理、特許經營、轉讓品牌或對外投資等擴張活動時，也需要對品牌價值進行評估。在管理合約和特許經營協議的談判中，都涉及品牌價值的問題。有評估的價值作為依據，談判雙方才能合理地確定管理費用和特許經營費用。如果一個飯店集團有很多品牌，它可能無法有效經營和管理每個品牌，而且有的品牌對於其他飯店可能更有價值。透過品牌評估，就可以知道哪個品牌適合被轉讓，對於有意購買該品牌的企業有哪些價值，從而更有利於轉讓的談判。當飯店利用品牌作為投資組建合資飯店時，也需要評估，以確定股份。

三、品牌價值的實現途徑

品牌價值評估，是飯店實現發展戰略的一個環節，而不是最終目的。品牌價值評估之後，飯店應該積極有效地利用評估結果，實現品牌價值的最大化。以下是品牌價值運用的具體途徑：

（1）成為註冊資本。

（2）作為資本參股，提供合資談判中的品牌價值依據。

（3）獲得銀行等金融機構的信用額度。

（4）增加投資者的信心，獲得投資，包括引入新股東，或爭取股票上市的機會，從股票市場、債券市場等融資。

（5）商標質押貸款。

（6）融資，發行債券。

（7）品牌在集團內部有償使用。

（8）特許經營中品牌的有償使用。

（9）資產重組時獲得帳外認可。[1]

（10）資本擴張時直接進入新公司的股本及註冊資本。

（11）有償轉讓品牌或商標的參考價值。

（12）利用品牌引進外資，與其他企業合資時，合理沖抵對方無形資產價值。

（13）品牌被侵權時，作為要求賠償損失的參考依據。

（14）創業股東退出股份時，除有形資產之外的補償參考。

（15）利用良好的品牌，取得合作夥伴在供應價格、結算方式等方面的優惠待遇。

四、品牌評估機構的選擇

按照品牌評估機構主體的不同，可以分為專業機構的評估、本企業的自行評

估和其他機構的評估。

（一）專業的評估機構

專業機構，指具有相關資質的專業品牌評估機構。這樣的機構具有專業的評估人員，採用正規的評估方法和程序，出具的評估報告具有法律效力，因而權威性最高，但其報告和結果也不是各方必須接受的。評估機構一般包括資產評估公司（事務所）、會計師事務所、審計事務所、財務諮詢公司等。中國對品牌評估機構的資質有相關的要求，包括具有一定的資金和固定的辦公地點，需要獲得「資產評估資格證書」，並配備專職的評估人員（須透過註冊資產評估師執業資格考試）等。中國資產評估協會，是自我管理、自我教育、自我約束、自我完善的中國全國性資產評估行業組織，對中國全國的資產評估工作進行行業管理，企業可以向該組織查找或核實某一評估機構的合法性。

例如，北京名牌資產評估有限公司，是1995年2月經國家國有資產管理局批准成立的、直屬中國資產評估協會管理，有資格在中國全國範圍內進行整體資產、土地、房屋、設備等各類有形資產和品牌、商標、專利、特許權、營銷網路、策劃項目、人力資源等各類無形資產評估的專業評估機構，在中國全國評估界中享有極高的地位和信譽。該公司每年都要發布《中國品牌價值報告》。

（二）本企業的自行評估機構

本企業評估機構的優點是節約評估費用，評估人員更瞭解企業內部情況，但可能不夠專業，易受來自內部的影響和干擾，評估無法做到中立，只能在企業內部使用，不具有法律效力。當企業需要粗略瞭解品牌價值時，可以參考這種評估方法，自行完成評估。

（三）其他評估機構

其他評估機構包括新聞媒體和權威雜誌等。例如美國的《商業週刊》對全球最具價值的品牌評選（參見表7-1），美國著名的《金融世界》雜誌用知名的品牌評估公司英特品牌（Interbrand）的評估方法，來對世界知名品牌價值進行評估；又如中國的名牌資產評估有限公司對中國最具價值品牌的年度評選（參見表

7-2）。這種評估對於品牌的宣傳和推廣效果很好，但不具有法律效力。

表7-1 2004年全球最具價值品牌前十名

單位：百萬美元

排序	公司名稱	2004年 品牌價值	2003年 品牌價值	所屬國家
1	可口可樂	67 394	70 453	美國
2	微軟	61 372	65 174	美國
3	IBM	53 791	51 767	美國
4	通用電氣	44 111	42 340	美國
5	英特爾	33 499	31 112	美國
6	迪士尼	27 113	28 036	美國
7	麥當勞	25 001	24 699	美國
8	諾基亞	24 041	29 440	芬蘭
9	豐田	22 673	20 784	日本
10	萬寶路	22 128	22 183	美國

*資料來源：《城市快報》第9版，2004-07-26。由美國《商業週刊》雜誌

評選並發布

表7-2 2004年中國最有價值品牌前十名 單位：人民幣億元

排名	品 牌	企 業 名 稱	主要產品	品牌價值
1	海爾	海爾集團公司	各類家電	616.00
2	紅塔山	玉溪紅塔菸草(集團)有限責任公司	捲菸	469.00
3	聯想	聯想集團有限公司	電腦	307.00

續表

排名	品牌	企業名稱	主要產品	品牌價值
4	五糧液	四川省宜賓五糧液集團有限公司	白酒	306.82
5	第一汽車	中國第一汽車集團公司	汽車	306.65
6	TCL	TCL集團股份有限公司	電視機、手機	305.69
7	長虹	四川長虹電子集團有限公司	電視機	270.16
8	美的	廣東美的集團股份有限公司	空調、微波爐	201.18
9	康佳	康佳集團股份有限公司	電視機、手機	113.02
10	青島	青島啤酒股份有限公司	啤酒	112.20

*資料來源：北京名牌資產評估有限公司網站http://www.mps.com.cn

第二節 飯店品牌價值的評估方法

目前，關於品牌評估的具體方法沒有統一，有兩個主要的傾向。一個是從顧客和市場的角度評估品牌價值，認為品牌的價值源於品牌對於顧客的影響力；另一個是從企業的成本或財務的角度評估品牌價值，具體來説，包括市價評估法、成本評估法、收益評估法、市場/顧客影響力評估法、英特品牌公司評估法、北京名牌資產評估有限公司評估法等。每種方法都有各自的優缺點，需要根據評估目的的不同，對評估方法進行選擇。如果將幾種方法結合起來使用，就可得到一個經得起驗證的可靠結論。下面是對各種方法的簡單介紹。

一、市價評估法

市價評估法是最簡單、最直接的一種評估方法。它需要找到與被評估品牌相似的品牌在市場上近期的交易價格，以此作為一個參考標準，然後把它們進行對比分析，在交易價格的基礎上適當增加或減少，以評估現有品牌的價值。該方法雖然在理論上十分簡便，但找到一個合適的參照品牌並不容易，而且容易摻雜主觀的成分。例如，我們可以假設，「如家」品牌準備轉讓，那麼它就可以參考與之相似的經濟型飯店品牌，如果「錦江之星」品牌已經有過一次轉讓，那麼「如家」的品牌價值就可以比照「錦江之星」來評估，在市場地位、地域影響力、客源情況、品牌銷售額、品牌宣傳投入、發展趨勢等方面進行對比，然後在該轉讓價格上適當增加和減少，這樣就可以確定「如家」的品牌價值。

二、成本評估法

成本評估是一種易於理解的評估方法。它從會計成本核算的角度來審視品牌的投資成本，以成本為基礎來理解價值，透過對品牌的購入成本或對商標註冊、品牌設計、品牌推廣、品牌維護、品牌創新、品牌評估等方面投資成本的核算來確定價值。在品牌轉讓過程中，這種方法評估的結果比較容易被交易雙方接受，但它沒有考慮品牌對於市場和顧客的影響，不能反映品牌未來的增值能力或出現貶值的情況，品牌開發成本與其未來收益沒有必然聯繫。因此，成本法在品牌評估方面具有不可克服的內在侷限，與品牌的實際價值有較大偏差。

一些國際知名的大公司在具體的會計核算工作中，已經把品牌價值列入了資產負債表。獲得品牌的成本要計價入帳，從受益之日起在一定期限內攤銷，以使品牌自創費用或購入費用從品牌的收入中得到補償。透過在資產負債表中顯示獲得品牌的成本並核算品牌的價值變動，企業就可以使股東更清楚地發現經營中的關鍵資產及其管理情況，這有利於保持資產負債表的平衡。例如，英國《會計實務標準說明》（SSAP23）中規定：「對因收購而形成的企業聯合體的資產進行核算時，為保持財務報告的統一，依照SSAP14的規定，在合理評估買方企業資產價值的基礎上，被購企業資產的合理價值應撥入買方企業淨有形資產和無形資產帳戶。」

（一）歷史成本法

歷史成本法是根據品牌的購入或開發的所有原始價值來估價，把品牌價值看成是購入或開發品牌所付出的現金或現金等價物。它的優點是可以體現出品牌價值的形成過程，可以據此計算每年的品牌攤銷額和利潤。例如，對於自行開發的品牌，在計算其價值時，就需要把品牌設計的費用、商標註冊的費用、廣告費用、促銷費用、訴訟費用、研發費用、評估費用和相應的人員開支、物資耗費等，按當時的價格進行累計，以此確定品牌的價格。

（二）重置成本法

重置成本法是指在現有的條件下，對被評估品牌進行重新開發或購入一個相同品牌時投入的資金，減去該品牌已經損耗掉的價值，所得到的差額就是品牌的

評估價值。這種方法也比較複雜，目前的開發成本在計算中存在困難，而且品牌已經損耗掉的價值不易衡量和測算。

品牌評估值＝品牌重置成本×成新率

成新率＝剩餘使用年限／（已使用年限＋剩餘使用年限）×100%

應用重置成本法評估品牌時，一般分為以下四步。

第一步：根據品牌的實體特徵（商標選擇、設計、註冊、印製、保護、宣傳等費用）用現時市價估算其重新購置的價格總額。

第二步：確定被評估品牌的已使用年限和尚可使用年限。

第三步：應用年限折舊或其他方法估算品牌表現出的有形損耗和功能性損耗。

第四步：估算出被評估品牌的淨值。

一般來說，對企業的整體資產採用重置成本法進行評估時，對其品牌的評估也採用這種方法。

三、收益評估法

收益評估法又稱為收益現值法。這種方法是以品牌在未來可能的預期收益為前提的，透過把預期收益（一般用稅後利潤來衡量）折算成現值，來確定品牌的價值。以此為基礎計算的品牌轉讓價格，實際上就是品牌在未來的收益。但未來的收益往往具有不確定性，經濟的週期波動、產業政策、產業競爭狀況、顧客需求的變化等難以預測，對於飯店業來說更是如此。另外，需要把品牌創造的收益與其他的無形資產和有形資產創造的收益區分開，這也是難以操作的。

例如，A飯店擁有一個知名飯店品牌，準備透過特許經營方式把使用權轉讓給B飯店（無品牌），品牌轉讓期為五年。經過測算，使用該品牌後B飯店每年增加的收益分別為50萬元、55萬元、60萬元、65萬元、70萬元，折現係數為0.5，那麼B飯店的五年內收益現值總額就是（50萬元＋55萬元＋60萬元＋65萬元＋70萬元）×0.5＝150萬元。那麼這兩家飯店就有可能在150萬元左右的價格

達成交易，作為特許經營費用的談判基礎。當然，在實際中，特許經營費用往往不是一次性的繳納的，分為一次性的費用和按經營收入相應比例收取的費用，但這種簡單的計算仍有參考的意義。

四、市場／顧客影響力評估法

以上幾種方法，都是從企業會計和財務的角度來考慮品牌價值的。另一種評估角度是從顧客角度評估品牌的價值，即品牌在顧客心目中所處的位置。因為品牌的價值取決於顧客對品牌的態度和偏好，其主要目的是判斷品牌在哪些方面處於強勢，哪些方面處於弱勢，然後據此實施有效的營銷策略，以提高品牌的市場影響力或市場地位。目前西方市場營銷學術界主要側重從這一角度評估品牌。因此，就出現一些基於顧客價值的評估方法，即透過對品牌認知、品牌聯想、品牌忠誠、品牌形象等指標進行測評，來確定品牌的價值。表7-3提供了幾種國外公司和個人開發的評估模型。

表7-3 品牌價值市場影響力評估模型及評估要素

模型名稱	測評要素	開發單位/人
形象力	熟悉程度、尊敬程度	Landor Associate(公司)
權益趨勢	感知質量	Total Research(公司)
轉換模型	繼續購買的意願	Market Facts
品牌權益監視器	態度、行為、經濟因素	Yankelovich
無名模型	品牌認知、喜歡、感知質量	DDM Needham
品牌資產評估器	差異性、相關性、熟悉度、尊敬度	Young&Rubicam(公司)
品牌權益模型	品牌忠誠、品牌聯想、品牌認知、感知質量	Aaker(大衛‧A.艾克)
基於顧客的品牌權益	品牌認知、品牌形象	Keller

*資料來源：範秀成，品牌權益及其測評體系分析，南開管理評論，2000（1）

五、英特品牌（Interbrand）公司評估法

英國的英特品牌公司是國際品牌評估的權威機構。該公司的評估方法也是國際通行的評估方法，它以品牌收益和品牌實力（即品牌強度）為評估的核心依據，品牌收益著重考慮市場占有率、產品銷售額和利潤等指標，品牌實力依據的

是主觀判斷。該方法認為，品牌之所以有價值不全在於開發品牌付出了成本，也不完全在於品牌使產品獲得更高的溢價，而在於品牌可以使其所有者在未來獲得較穩定的收益。從長期來看，有品牌與無品牌，知名品牌與一般品牌，對企業收益的影響會存在明顯的差異。因為知名品牌具有更穩定的市場需求，顧客不容易轉換品牌，從而能給企業帶來更確定的未來收益。

（一）品牌價值的計算公式

品牌價值＝品牌收益×乘數（或折扣率）

該公式用「乘數」時，叫「收益乘數法」；用「折扣率」時，叫「收益現值法」（DCF法）。乘數與折扣率互為倒數。強勢品牌提供了未來該品牌收益的有力保證，因而其乘數大（折扣率低）。使用該方法時，需要確定品牌收益和乘數這兩個因素的具體數值。

（二）品牌收益的確定

在確定品牌收益時，需要考慮幾個問題：第一，在確定品牌創造的收益時，使用的是稅後利潤，需要在全部利潤中，把品牌以外的其他因素創造的利潤剔除，這些因素包括固定資產、分銷體系、管理等有形資產和無形資產。

第二，品牌創造的收益一般採用過去三年利潤的加權平均數，這樣可以不受某一年利潤的影響。一般情況下，當年收益的權數是3，前一年收益的權數是2，前二年收益的權數是1，3年收益乘以各自權數後相加，再除以3年權數之和。權數可以根據具體情況進行調整。同時，為保證歷年數據的可比性，需要把通貨膨脹的因素剔除掉。

品牌收益＝（當年收益×3＋前一年收益×2＋前二年收益×1）／（3＋2＋1）例如：扣除資本報酬、稅金和通貨膨脹等因素後的品牌收益分別為，當年收益為70萬元，前一年收益為60萬元，前二年收益為50萬元，則：

品牌收益＝（70×3＋60×2＋50×1）／（3＋2＋1）＝63.33萬元

（三）乘數的確定

在確定乘數時，Interbrand公司首先從以下七個方面（指標）評價一個品牌的價值，並根據品牌的強度來確定乘數（或折扣率）。

（1）領導地位。即品牌在行業中所處的地位。在整體市場或細分市場中居於領導地位的品牌，往往具有更大的影響力，擁有較大的市場份額，表現更穩定，未來的收益更有保證，因而品牌價值更高，該品牌在這項指標上的就能得高分。例如，「麗思卡爾頓」是國際飯店業中高檔飯店的頂級品牌，具有廣泛的影響，那麼該品牌在這一指標上就可以獲得高分。

（2）穩定性。那些較早進入市場、擁有更多忠誠顧客、已構成所在市場的基礎的品牌，價值更高，因此應賦予更高分值。

（3）市場特性。一般而言，在成熟、穩定的市場環境，或處於正在成長但有較高進入壁壘的市場中，品牌的影響力更大，相應的得分就高。

（4）地域影響力。品牌經營的地域範圍越廣，其抵禦競爭者和擴張市場的能力越強，表現也更穩定，更受不同地區顧客的歡迎，因而得分越高。因此，「假日飯店」等在多個國家廣泛分布的飯店品牌在這一項上會得高分。

（5）發展趨勢。即品牌的發展趨勢與時代發展、消費者需求變化趨勢相一致的程度。一致程度越高，越具有價值，得分越高。例如，經濟型飯店品牌符合了顧客對安全、快捷、簡便、價格適中的飯店服務的需要，具有良好的發展前景。

（6）所獲支援。獲得持續投資和重點支援的品牌，通常比較有優勢，發展前景更好，因而更具有價值。同時，除了投資力度外，還需要考察品牌獲得投資和支援的質量。

（7）法律保護。品牌的受法律保護的力度和範圍，在很大程度上影響了品牌的價值。經過註冊、享有商標專用權的品牌比未註冊品牌的價值更高，知名品牌、馳名商標比一般品牌、普通商標的價值更高。如果品牌不能受到法律的有效保護，品牌經常被侵權，那麼品牌就可能沒有任何價值。

下面以三個品牌為例，說明如何用上述七項指標評價品牌的價值（參見表7-

4）。

　　品牌A：一個國際飯店業的知名品牌，例如喜來登（Sheraton　Hotels），該品牌的飯店客房數量達到了134,648間（截至2003年）。它具有較長的歷史，在世界各地市場上居於領先地位，所在的高檔飯店細分市場比較穩定，其商標在世界各地進行了註冊，並得到有效保護。

　　品牌B：一個僅有幾年歷史的中國知名品牌，在中國某個細分市場上居於領先地位，例如「錦江之星」。它所在的是經濟型飯店這個細分市場，正處於快速成長階段。它得到了集團的有力支援，是集團重點發展的飯店品牌。它的影響力正在迅速擴大，主要分布在華東地區，但還沒有進入國際市場。

　　品牌C：一個有較長歷史的中國知名品牌，在中國市場具有較高知名度，例如北京的「北京飯店」。但該品牌的擴張力度不夠，其影響力只侷限於所在的地區，其所在的高檔飯店市場規模有限，同時面臨著國際品牌的競爭。

表7-4 Interbrand公司品牌強度評估指標和乘數的確定

強度指標	滿分	品牌 A	品牌 B	品牌 C
領導地位	25	19	12	10
穩定性	15	11	8	8
市場特性	10	7	5	6
地域影響力	25	19	12	7
發展趨勢	10	6	7	5
所獲支持	10	6	8	6

續表

強度指標	滿分	品牌 A	品牌 B	品牌 C
法律保護	5	5	4	3
共計	100	73	56	45
乘數		15.82	10.21	5.15
折扣率		6.32%	8.92%	12.27%
品牌價值(萬元)		1 001.88	646.60	326.15

註：1.品牌價值＝品牌收益×乘數＝63.33萬元×乘數。63.33萬元是前面計算品牌收益的例子的數字

2.上述七方面，表中列出的滿分是Interbrand公司規定的各項指標的最高分值，但現實中的品牌很難達到這種程度。品牌A、B、C的分數和乘數都是虛擬的

儘管以上三個品牌的分數和價值是虛擬的，但從以上的表格中，我們仍可以發現某個品牌的優勢和劣勢，例如品牌B的發展趨勢看好，獲得了足夠的支援，但需要在領導地位、穩定性和地域影響力等方面進一步提高，可以透過擴大市場份額、提高顧客忠誠和向其他地域進行擴張等方式，提高品牌價值。

英特品牌公司的評估方法也存在一些侷限性。首先，該方法評估的基礎是品牌帶來的未來收益，但未來的銷售和利潤等指標的預測存在著不確定性，因此，品牌價值不能是某一具體、確定的數值，而應該在最大價值和最小價值之間變動。其次，該方法評定品牌價值的七個指標不一定包括所有重要的方面，每個指標的權重也不一定合適，尤其對於不同行業應該有所不同。最後，品牌的價值與所有者及其使用目的、不同階段的使用意圖存在密切關係，同一個品牌在不同的公司中，在同一個公司的不同階段，其價值會有很大不同，該方法對此未予反映。

六、北京名牌資產評估有限公司評估法

北京名牌資產評估有限公司評估法參照英特品牌（Interbrand）公司的評價體系，結合中國的實際情況，創建了中國品牌的評價體系（參見表7-5）。該公司從1995年開始發布《中國品牌價值研究報告》，對知名品牌的價值進行比較和排名，其性質類似於美國《金融世界》雜誌發布的「全球最有價值品牌」年度排行榜。

這一評價體系考慮的主要因素有：品牌的市場占有能力（M）、品牌的超值創利能力（S）、品牌的發展潛力（D）。品牌的綜合價值（P）可以簡單表述為：

$$P=M+S+D$$

表7-5 北京名牌資產評估有限公司品牌價值評估指標體系

評估因素	代表性指標	權重
品牌的市場佔有能力	產品的銷售收入	40%
品牌的超值創利能力	營業利潤、銷售利潤率	30%
品牌的發展潛力	商標在國內外的註冊情況、使用時間和歷史、產品出口情況、廣告投入情況等	30%

註：該方法對以上三類因素都有行業調整係數，其係數採用3到5年的移動平均法計算而得。透過行業調整，三類因素的構成比重平均為4：3：3，不同行業會有所不同

以上是對幾種品牌評估方法的簡要介紹，在實際的評估過程中，遠比介紹的要複雜。對於企業來說，重要的是把握每次評估的時機和目的，必要時請專業機構評估，切實把品牌評估作為品牌管理的一項重要內容，把品牌管理作為資產管理的重要內容。

[1]　帳外認可是指對那些不便估價，也不反映到會計帳內，但可以給企業帶來經濟利益的資源或資產的認可。

第八章 雅高集團飯店品牌建設實例

導讀

　　本章詳細介紹並分析雅高集團以及集團旗下主要飯店集團的創建過程，透過這些介紹，歸納總結出雅高集團品牌戰略的特點。雅高集團品牌運營戰略的實施，使得雅高集團及旗下飯店品牌的知名度不斷提高。透過詳細剖析雅高、雅高旗下各細分飯店品牌以及雅高集團起步的飯店品牌——諾富特飯店品牌的創建過程，可以發現雅高所採取的多品牌戰略成功的原因。這對於中國民族飯店品牌的培育，尤其是在品牌的擴張方面，具有較強的指導意義。

第一節 雅高集團概況

　　雅高國際飯店集團（以下簡稱「雅高集團」）本部設在法國，成立於1967年，是全球規模最大的飯店及觀光事業集團之一，為商業和休閒服務市場提供一系列大眾化至豪華型飯店，在歐洲飯店市場處於行業主導地位。雅高集團是主要從事飯店管理、旅遊和企業服務的跨國公司。目前，雅高集團有員工158,000人，遍及全球140多個國家。雅高在歐洲飯店市場處於領先地位，在全球擁有4,000餘家飯店，包括經濟型飯店和豪華飯店。

　　雅高集團的雛形是1967年成立於法國里爾的第一家諾富特飯店；後以該品牌為基礎，開發連鎖品牌，並在歐洲和非洲前法國殖民地經營；到了1970年代末，集團共有成員飯店210家，並開始進軍餐飲業。截至1980年，擁有飯店280家、客房35,000間，並引進索菲特品牌；在巴黎股票交易中心上市融資；1983年兼併JBI後，易名雅高集團；1985年，雅高引進「一級方程式」的經濟型飯店

品牌；1990年，購買美國「6號汽車旅館」的經濟型飯店品牌。

一、雅高名稱的起源

1983年，雅高集團的前身——諾富特的規模擴大了一倍，集團遍布45個國家和地區，提供服務的領域較為廣泛，包括飯店業、旅行業、公共餐飲業、集體餐飲業、購物中心和用餐券業，集團已經躋身於「巨頭公司之列」。此時，諾富特既是飯店的品牌名稱也是集團的名稱。集團僱傭了3.5萬名員工，擁有近400家飯店，1,500家餐廳、8家餐券發票點、5家購物中心，還有一些旅行社和旅遊觀光社。每年集團的登記上有數百萬人次的住宿，200多萬人次的用餐。在單一的諾富特的名號之下，要全部納入飯店業和餐飲業所有的品牌是不可能的。索菲特、短稻草等連鎖店的品牌形象、定位等都截然不同，統一在諾富特品牌之下已經顯得較為混亂。因此，集團的高層管理人員決定為公司更名。

作為一個全球性的跨國集團，必須有一個既簡潔又新穎、既高度抽象又能涵蓋公司所有業務的名稱。該名稱無論是在集團內部還是在集團外都要體現出集團的新特徵，這樣也有利於集團品牌的傳播和認知。於是，集團專門成立小組，這個小組由一家英國專業機構和集團的對外關係部組成。小組成員使用電腦找出了600個備選的名稱，這些名稱五花八門：花卉、神話、歷史，應有盡有，甚至有些沒有任何意義的幾個音節，只是聽起來悅耳或富有詩意。小組從其中篩選出50個，最後留下10個，在徵求了董事們的意見之後，僅剩下了兩個名稱——「雅高（ACCOR）」和「曙光（AURORE）」。可是後者的發音與英文HORROR（恐怖）接近。這兩個雙音詞的優點在於開頭的字母都是「A」，這樣在按字母順序排列的許多名錄中，尤其是在巴黎交易所的告示牌上就會很自然地排在前頭。這兩個名稱都有一個徽記作為標誌：雅高是紅氣球、曙光是大雁。

為了最終做出對企業更為貼切的選擇，董事會大廳裡掛起了一面大的白板，請到總部來辦事或在總部工作的同事們在他們喜歡的名稱上打鉤。這次廣泛徵求意見的結果是，「雅高」這一名稱以壓倒多數得到採納。同時「ACCOR」一詞在法語中有「和諧」的意思。另外，改用大雁作為徽記，是因為這些鳥既象徵了公司的騰飛，又使人們聯想到旅行、遷徙和大千世界。

　　於是，這一著名的名稱終於選定，諾富特－雅克‧博萊爾國際集團在1983年正式組建為雅高集團。

　　經過幾十年的發展，雅高集團已成為全球最大的飯店集團之一。2004 年世界權威統計機構MKG Consulting發布了它最新一年的全球飯店業的評估報告，指出在全球飯店集團的最新排行榜上，雅高集團名列第四。

雅高集團品牌的圖案標誌

*資料來源：http://www.accorhotels.com

表8-1 2004年全球飯店集團排行榜

排名		集團名稱	國家	飯店數量		客房數量		變化	
2003	2004			2003	2004	2003	2004	房間數	%
2	1	洲際	英國	3 325	3 520	515 525	536 318	20 793	4.0%
1	2	勝騰	美國	6 513	6 399	536 097	518 435	17 662	−3.3%
3	3	萬豪國際	美國	2 493	2 655	453 851	479 882	26 031	5.7%
4	4	雅高	法國	3 829	3 894	440 807	453 403	12 596	2.9%
5	5	精品國際	美國	4 664	4 810	373 722	388 618	14 896	4.0%
6	6	希爾頓	美國	2 078	2 142	336 493	344 618	8 125	2.4%
7	7	最佳西方	美國	4 064	4 110	308 911	310 245	1 334	0.4%
8	8	喜達屋	美國	748	774	226 970	237 934	10 964	4.8%
9	9	卡爾森國際	美國	847	879	141 923	147 478	5 555	3.9%
10	10	希爾頓國際	英國	399	409	99 945	102 602	2 657	2.7%

*資料來源MKG Consulting 資料庫2004年06月（評估數據收集截止日期：2004年1月1日）

二、雅高集團飯店在全球的布局

截至2004年12月31日，雅高集團擁有3,894家飯店，遍布全球90個國家，擁有飯店客房數為453,403間、員工158,000人為客人提供服務。由於雅高起源於法國，在全球擴張的過程中也是以法國為基地，立足本土，輻射全球。見表8-2與圖8-1。

表8-2 2004年雅高集團下屬飯店在全球的空間分布

	飯店數量(家)	飯店數量百分比	客房數百分比
法國	1 256	35%	27%
歐洲(不含法國)	708	20%	22%
北美洲	1 234	35%	32%
非洲中東部	153	4%	5%
亞洲	217	6%	9%
合計	3 568	100%	95%

*資料來源：《成都索菲特萬達大飯店審評五星級飯店的工作彙報》

註：以上數據為不完全統計，飯店數量百分比根據已統計數據計算，客房數百分比根據客房總數計算

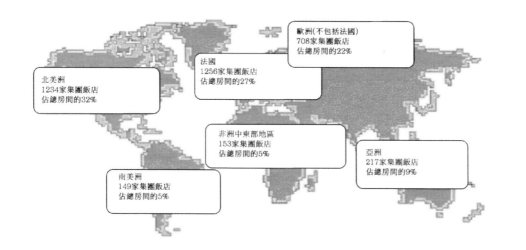

圖8-1 雅高集團飯店在全球的分布圖

*資料來源：http://www.accorhotels.com

　　從飯店數量來看，雅高集團在法國擁有35%的飯店，在除法國外的其他歐洲國家和地區擁有20%，雅高集團55%的飯店在歐洲。從飯店客房數來看，在法國擁有集團27%的客房，在除法國外的其他歐洲國家和地區擁有22%的飯店客房，雅高集團49%的飯店客房在歐洲。

　　可見，雅高集團在飯店的擴點上更傾向於與法國具有相似人文環境和市場環境的歐洲，而在亞洲和非洲，由於在社會文化和市場條件等方面具有顯著差異，雅高飯店數量較少。

　　歐洲和北美洲共有雅高飯店3,198間，占雅高全部飯店的82%，從已統計的數據看，歐美雅高飯店的客房數占81%。可見，不論是從飯店數量上看，還是從客房數量上看，全球經濟較發達的地區擁有雅高絕大多數的飯店和客房。

　　此外，雅高集團透過銷售辦事處培育潛在市場。雖然雅高飯店在亞洲和非洲設立的飯店數量和客房數量都遠不及歐美，但是，亞洲、非洲等地的雅高飯店銷售辦事處卻並不與之成正比。例如，雅高在亞洲的飯店客房數只占整個飯店集團客房總數的9%，但是，雅高飯店在這一地區的銷售網點就有7　家，占雅高全部

的飯店銷售辦事處的25%。這說明，雅高飯店比較看好該地區的未來市場，透過銷售辦事處來維持雅高飯店在亞洲和非洲的市場份額。

三、雅高集團在中國的布局

截至2003年6月30日，雅高在中國共有22家飯店，6,886間客房。其中，上海有四家，北京、廣東和香港各有三家，安徽兩家，天津、山東、河南、湖北、四川、浙江和海南分別有一家。另外，雅高還將在北京、上海、廈門、石家莊、鞍山、南京、成都、青島、西安和蘇州等城市開設新的飯店。參見表8-3。

表8-3 雅高集團下屬飯店在中國的分布

序號	飯店名稱	英文名稱	城市	客房數
1	北京諾富特和平賓館	Novotel Peace Beijing	北京市	344 間
2	北京諾富特燕苑國際度假村	Novotel Oasis Beijing	北京市	154 間
3	北京新僑諾富特飯店	Novotel Xin Qiao Beijing	北京市	700 間
4	上海索菲特海侖賓館	Sofitel Hyland Shanghai	上海市	389 間
5	上海東錦江索菲特大酒店	Sofitel JJ	上海市	499 間
6	上海海神諾富特大酒店	Novotel Atlantis Shanghai	上海市	303 間
7	上海海灣世紀閣(酒店公寓)	Panorama Century Court Shanghai	上海市	305 間
8	東莞索菲特御景灣大酒店	Sofitel Royal Lagoon Dongguan	廣東東莞	268 間
9	深圳博林諾富特酒店	Novotel Bauhinia Shenzhen	廣東深圳	202 間
10	深圳萬德諾富特酒店	Novotel Watergate Shenzhen	廣東深圳	152 間
11	諾富特世紀香港酒店	Novotel Century Hong Kong	香港	512 間
12	諾富特世紀海景酒店	Novotel Century Harbourview	香港	274 間
13	宜必思世紀軒	Hotel ibis North Point	香港	210 間
14	合肥諾富特齊雲山莊	Novotel Qi Yun Hefei	安徽合肥	246 間
15	合肥索菲特明珠國際大酒店	Sofitel Grand Park Hefei	安徽合肥	261 間
16	鄭州索菲特國際飯店	Sofitel Zhengzhou	河南鄭州	195 間
17	博鰲索菲特大酒店	Sofitel Boao	海南博鰲	437 間

續表

序號	飯店名稱	英文名稱	城市	客房數
18	成都索菲特萬達大飯店	Sofitel Wanda Chengdu	四川成都	262 間
19	濟南索菲特銀座大飯店	Sofitel Silver Plaza Jinan	山東濟南	293 間
20	杭州索菲特西湖大酒店	Sofitel Westlake Hangzhou	浙江杭州	200 間
21	武漢新華諾富特大飯店	Novotel Xin Hua Wuhan	湖北武漢	303 間
22	天津宜必思飯店	Hotel ibis Tianjin	天津市	157 間

*資料來源：http://www.accorhotels.com

　　從總體上看，雅高飯店在中國市場的分布以沿海開放城市為主，在中部也有少量分布，而西部只在成都有一家。從城市分布來看，以一線城市為主。從已開業飯店在城市的分布上看，擁有雅高飯店數量最多的上海市，其次為北京和香港，第三是深圳和合肥，分別有兩家，其他城市各一家，且多為省會城市，二線

城市只有東莞和博鰲。

根據目前從雅高飯店的網站上檢索到的訊息，雅高在中國的22家飯店中有9家索菲特，10家諾富特，2家宜必思，1家其他，分別占中國市場雅高飯店總數的40.91%、45.45%、9.09%和4.55%。見圖8-2。

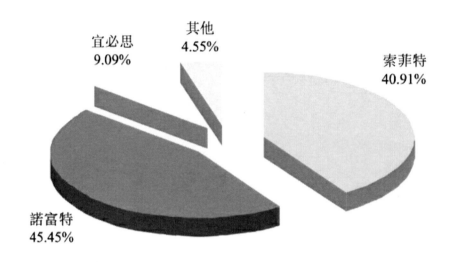

圖8-2 中國市場的雅高飯店品牌

*資料來源：根據http://www.accorhotels.com相關資料整理

第二節 雅高集團旗下的飯店品牌

迄今為止，雅高在全球擁有近4,000家飯店，近65萬間客房；2004年雅高的統一銷售額達到71.23億美元，稅前利潤達到了5.92億美元。而2003年，雅高飯店在全球飯店集團中位居第四，旗下的僱員有158,000名，雅高已在世界140多個國家中擁有453,403間客房，3,894家飯店，其中特許經營飯店964家，合約管理飯店475家。

雅高集團旗下的飯店品牌很多，涵蓋經濟型到高檔飯店。雅高針對消費者的需求進行飯店零售服務，提供獨特的旅遊休閒業務，同樣也包括旅行社、餐館和

娛樂場所。雅高集團的主要飯店品牌有諾富特（Novotel）、索菲特（Sofitel）、美居（Mercure）、套房飯店（Suitehotel）、宜必思（ibis）、伊塔普（Etap）、一級方程式（Formule 1）、紅屋頂客棧（Red roof Inns）、6號汽車旅館（Motel 6）、6號公寓（Studio 6）。見圖8-3。

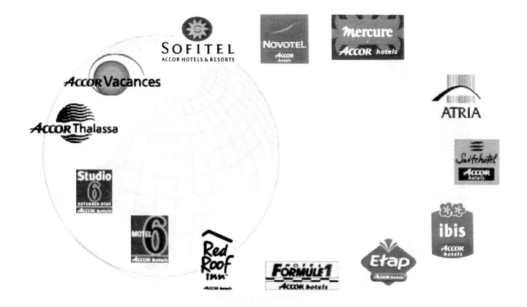

圖8-3 雅高集團旗下的飯店品牌

*資料來源：http://www.accorhotels.com

在飯店檔次上，雅高飯店為不同檔次和功能的飯店設計、選擇了不同的品牌。這些品牌幾乎涵蓋了從經濟型飯店到豪華型飯店的所有類別，可以根據不同的客戶需求提供相應的飯店服務。見表8-4、8-5。

表8-4 雅高集團主要飯店品牌的檔次

飯店檔次	飯 店 品 牌	飯店數量
經濟型飯店	ibis，Formule 1，Etap Hotel，Red roof Inns，Motel 6，Orbis，Stuidio 6（Accor Hotels）	2 607
中檔飯店	Mercure（Accor Hotels），Zenith Hotels International，Century International Hotels	─
高級飯店	Novotel（Accor Hotels）	394
豪華飯店	Sofitel（Accor Hotels & Resorts）	182

*資料來源：根據http://www.accorhotels.com和《成都索菲特萬達大飯店審評五星級飯店的工作彙報》相關資料整理

表8-5 雅高國際飯店集團主要飯店品牌及其概況

飯店品牌	飯店數量	客房數	分布國家	備　　注
索菲特(Sofitel)	182	37 676	52	位於世界主要的商業區和度假地；豪華型
諾富特(Novotel)	394	68 370	57	高爾夫；商務旅遊者和家庭旅遊者的度假地
美居(Mercure)	721	85 550	45	飯店網絡，旗下有 Libertel，Parthenon All Seasons 和 Orbis
套房酒店(Suitehotel)	12	1 642	3	1999年以來雅高飯店的新成員
阿特柔爾(Aria)	14	NA	NA	會議
宜必思(ibis)	686	74 817	36	商務飯店和度假飯店；於1997年率先通過ISO 9002 認證
伊塔譜(Etap)	307	24 370	11	經濟型飯店
一級方程式(Formule 1)	372	28 096	12	經濟型飯店
紅屋頂客棧(Red Roof Inns)	350	38 296	1	全部位於美國；經濟型飯店
6號汽車旅館(Motel 6)	850	87 721	2	位於美國、加拿大；經濟型飯店
6號公寓(Studio 6)	42	5 275	2	位於美國、加拿大的商業區；經濟型飯店
(Accor Vacances)	200	NA	NA	度假飯店
(Accor Thalassa)	15	NA	NA	度假飯店；水療

*資料來源：根據http://www.accorhotels.com相關資料整理

一、索菲特飯店——雅高的頂級飯店

索菲特（Sofitel）是雅高集團五星級飯店品牌，也是豪華飯店的代名詞，多分布在世界最受歡迎的經濟、文化和休閒城市或渡假村，為豪華型或渡假飯店。為了在高度競爭的豪華飯店業建立領袖地位，雅高與全球頂尖的建築師、室內設計師和廚師合作，體現了法國最優雅的室內設計。索菲特頂級的服務，最新的設備，令人回味無窮的菜色，給人以至高的住宿體驗。

目前，索菲特飯店在全球52個國家擁有185家飯店。這些具有國際聲望的索菲特飯店將法國獨特的「藝術大餐」帶入世界的一流場所。雅高將索菲特的目標客源定位於國際豪華客人。所有的索菲特飯店都有一些共同特點：高雅的內部設計、熱情周到的服務、精美的餐飲。索菲特將法國優雅的生活融入了世界著名的旅遊勝地。索菲特飯店品牌的口號是「追求完美境界」。

索菲特飯店品牌的圖案標誌

*資料來源：http://www.accorhotels.com

二、諾富特飯店——雅高歷史最悠久的品牌

　　諾富特（Novotel）是雅高集團內四星級飯店品牌，分布在首都或重點城市貼近商務文化中心的地方或繁華的中心地帶（如公路、機場、火車站）。諾富特的目標市場是商務旅行者和家庭旅遊者，此外還提供針對家庭的親子服務。1974年諾富特開始舉辦國際性的高爾夫賽事，目前已在全球擁有200座左右高爾夫球場，以此滿足越來越多的高爾夫愛好者的需要。其品牌的文化理念是「創新，和諧，自由，統一」。

　　目前，諾富特飯店擁有399間飯店和69,106間客房，遍布全球57個國家。諾富特飯店的客房寬敞、舒適、裝飾和諧，餐廳從早上6點一直營業到晚上12點，通常其周圍有個大花園或者是樹木繁多的公園或游泳池等。對於家庭來說，諾富特更為孩子們提供了一系列的服務。

諾富特飯店品牌的圖案標誌

*資料來源：http://www.accorhotels.com

三、美居飯店品牌

美居飯店品牌（Mercure）為莉波特、帕臺農、季節和奧必思等飯店。美居飯店多位於市中心商業區，擁有各具特色的建築和裝飾。

（一）莉波特

莉波特（Libertel）飯店有40多家，大多數坐落於巴黎（37家），其餘的在法國其他地方和布魯塞爾。莉波特飯店根據其位置、設施和服務，可以分為三類：Libertel Grande Tradition是三星級及三星級以上；Libertel Tradition 是三星級

飯店；Libertel是二星級飯店。但是不論是幾星級，每家莉波特飯店都有截然不同的特徵，這些透過其建築和內部的裝飾來體現。

美居飯店品牌的圖案標誌

*資料來源：http://www.accorhotels.com

莉波特飯店品牌的圖案標誌

*資料來源：http://www.accorhotels.com

（二）帕臺農

帕臺農（Parthenon）飯店是住宿設施新概念——舒適、便利的集中體現。帕臺農在巴西有66家飯店，在法國有1家。它為客人提供各種公寓，公寓內提供飯店服務。不論是常住還是短居，帕臺農都會為客人提供舒適、安全和愉悅的服務。

（三）季節飯店

季節（All Seasons）是澳大利亞知名的飯店品牌，所有的季節飯店都是最近才加入美居網路的，它是澳大利亞知名的飯店品牌，旗下有20家飯店，根據其舒適度和價格分為兩個檔次：All Seasons和Seasons Premier。All Seasons飯店提供很高的性價比來滿足悉尼、墨爾本、阿德雷德、佩思和達爾文地區商務客人和休閒客人的需求。

帕臺農飯店品牌的圖案標誌

*資料來源：http://www.accorhotels.com

ALL SEASONS

季節飯店品牌的圖案標誌

*資料來源：http://www.accorhotels.com

（四）奧必思

奧必思（Orbis）是中歐地區主要的連鎖飯店。奧必思主要位於波蘭27個主要的城市和城鎮的商務中心和觀光中心，提供設備齊全的三星、四星、五星級客房10,500間。飯店內有游泳池、網球場和保齡球館，餐飲服務提供各種烹飪菜餚、宴會和接待，設施齊備的會議室可舉辦各種商務會議。

四、宜必思飯店——經濟型飯店的先鋒

宜必思（ibis）提供了經濟實惠的住宿選擇，因其在歐洲的強勢，在31個國家經營超過600家飯店。宜必思一半的飯店位於市中心，地理位置優越，靠近機場，方便了商務和假日旅遊。其品牌文化理念是「物超所值的舒適體驗」。

ORBIS
HOTELS

奧必思飯店品牌的圖案標誌

*資料來源:http://www.accorhotels.com

宜必思飯店品牌的圖案標誌

*資料來源：http://www.accorhotels.com

　　目前宜必思在全球36個國家擁有698家飯店、76,151間客房，其特色是日夜服務和經濟實惠的價位。宜必思飯店以最實惠的價格提供優質的服務和質量：帶有獨立浴室的舒適客房、24小時的前廳接待、24小時提供安逸的酒吧和快餐服務，集中位於城市的中心和主要交通要道。

　　五、套房飯店

　　套房飯店（Suitehotel）是「飯店生活的新方式」，目前在全球三個國家擁

有13家飯店、1,871間客房。它是雅高飯店中附加值最大的，創建於1999年。套房飯店是三星級的連鎖飯店，提供寬敞的、個性化的客房，建造時採用高質量的材料，能夠完全滿足客人的需求。飯店以較低的價格提供上網服務。到2002年底，有8家套房飯店開業，其中兩家不在法國本土，一家在維也納、一家在漢堡。同時，在歐洲擴張的速度加快，到2006年，將有30家新飯店加入套房飯店旗下。

六、伊塔普

伊塔普（Etap）是經濟型飯店的品牌，主要在法國和歐洲提供最基本的住宿服務，目前在世界上11個國家擁有317家飯店、25,530間客房，主要位於法國、德國、澳大利亞、比利時、西班牙、英國、匈牙利、瑞士和以色列。該品牌的飯店雖然風格各異，但是都給客人以有競爭力的價格並提供高效的住宿及服務。每家飯店的客房都較為寬敞，隔音效果好，一般為三人間，有獨立衛生間、電視，提供自助早餐。伊塔普一般為客人的週末渡假提供住宿。在法國，伊塔普為客人提供的電視頻道很多。

套房飯店品牌的圖案標誌

*資料來源：http://www.accorhotels.com

伊塔普飯店品牌的圖案標誌

*資料來源：http://www.accorhotels.com

七、一級方程式

一級方程式（Formule　1）是經濟型飯店。其主要優勢是價格，人均不到35法郎。1985年第一批一級方程式開張，1986年達到10家，1989年達50家。今天在全世界12個國家共有373家一級方程式飯店，主要位於歐洲，此外在南美、澳大利亞、巴西甚至日本均有一級方程式飯店。

一級方程式飯店品牌的圖案標誌

*資料來源：http://www.accorhotels.com

八、紅屋頂客棧

紅屋頂客棧（Red roof Inns）是美國經濟型汽車旅館的連鎖飯店，通常坐落於美國中西部、東海岸和南方地區的大型市場，品牌知名度高，在經濟型飯店市場有良好的形象。其價格合理，簡單與舒適相結合。目前僅美國就擁有347家飯店、37,951間客房。

紅屋頂客棧品牌的圖案標誌

*資料來源：http://www.accorhotels.com

6號汽車旅館品牌的圖案標誌

*資料來源：http://www.accorhotels.com

九、6號汽車旅館

6號汽車旅館（Motel 6）是北美洲經濟型飯店的連鎖，主要分布在美國和加拿大，目前在這兩個國家擁有856間飯店、88,268間客房。6號汽車旅館創建於1962年，第一家在加利福尼亞州的聖塔巴巴拉開張。6號汽車旅館在美國經濟型飯店中處於領導地位。該連鎖品牌為客人提供很多免費服務項目，如：免費HBO和ESPN等額外頻道的有線電視、免費的當地電話、免費早咖啡、孩子免住宿費。該品牌下屬的每一家連鎖飯店的價格都是最低的。6號汽車旅館承諾在所有飯店中是最物有所值的。該品牌的飯店形像是「乾淨、舒適的客房，低廉的價

格」。

十、6號公寓

6號公寓（Studio　　6）目前分布在美國和加拿大兩個國家，共擁有41家飯店、5,089間客房。6號公寓是經濟型飯店中增長快速的品牌之一，為旅客的長期居住提供舒適的客房，同時地理位置優越，主要位於大型商業中心，方便客人的購物和出行。6號公寓的特色是每週的房價很低、睡眠區舒適、廚房裝備齊全，提供長期居住所需的物品，提供免費的市內電話、留言箱，可接收HBO和ESPN等有線電視及每週的客房打掃服務。客人洗衣設備、付費電話等應有盡有。

十一、阿特柔爾

阿特柔爾（Atria）是舉辦會議、會展的專家，該會議中心與諾富特或美居飯店臨近。目前有14家阿特柔爾，主要提供會議中心、禮堂、可控影音房間、餐館、展區、祕書和自動辦公服務。阿特柔爾承諾提供一流的「伴您成功」服務。

6號公寓飯店品牌的圖案標誌

*資料來源：http://www.accorhotels.com

阿特柔爾飯店品牌的圖案標誌

*資料來源：http://www.accorhotels.com

　　此外，雅高集團還有雅高Vacances和雅高Thalassa這兩個品牌，都是和休閒渡假有關的。雅高Vacances是渡假飯店，旗下有200家左右的渡假飯店分布在全球各個渡假地，每家都有自身的個性和特色；而雅高Thalassa也是和休閒渡假有關的品牌，提供的產品和康體健身緊密相關，如：溫泉、海水、護理等。

雅高Vacances品牌標誌

雅高Thalassa品牌標誌

*資料來源：http://www.accorhotels.com

第三節 諾富特品牌的創建過程

一、諾富特品牌的起步

1960年，保羅‧杜布呂研究了假日連鎖飯店（Holiday Inn）後，希望在歐洲發展分店，遭到拒絕。後來他遇到杰拉德‧貝里松，兩人決定創辦自己的連鎖飯店。隨後他們成立了商業房地產開發公司（DEVIMCO），並計劃為未來的連鎖店取個名稱。他們曾經想取「朋友」或者「朋友汽車飯店」等名稱，但是這些名稱中的「朋友」已經被註冊了，最後在考慮了好幾個旅館的名稱之後，將三個音節拼在了一起，湊成了「諾富特（NOVOTEL）」。該詞是由NOV「新」和（H）OTEL「飯店」組成的合成詞。

第一家飯店的位置很重要，根據當時的實際情況和相應的研究，他們決定飯店應當建在一個大居民點的附近，條件是地價不太昂貴、靠近城市、有客流保證。根據這些條件，他們在里爾近郊的萊斯甘找到理想的地段。在建造的過程中，1966年保羅‧杜布呂和杰拉德‧貝里松成立了諾富特飯店經營和投資公司（NOVOTEL-SIEH）。同時，他們制定出一套示範飯店的標準，然後按照這些樣本標準如法炮製出多家飯店。透過研究假日飯店，他們總結出一系列的經驗。首先在飯店選址上，新飯店要位於城市周圍、高速公路沿線或機場附近。這樣一方面可以有更大的自由空間，另一方面地價也較為低廉（飯店占地面積一般在0.8公頃至2公頃之間），再者汽車和飛機等交通工具可以為飯店帶來客源。其次是

建築問題，底層是大廳，60間客房分布在上面一層，雙層建築可節省成本並可省去電梯。最後在價格方面，第一家諾富特旅館的參考房價是40法郎。此外，飯店要舒適：房間寬敞、明亮、隔音，窗外可以看到綠草，外加免費停車場和獨立的浴室。在1960年代的法國，很少有人家裡能夠有浴室。因此起初，諾富特最大的商業法寶就是浴室。

二、諾富特飯店品牌的創建

1967年8月，第一家諾富特飯店在里爾開業。保羅向來賓介紹了「這個一百家連鎖飯店的第一家」，將諾富特品牌介紹給公眾。這也是法國北部首家高檔次和高服務水準的飯店，從游泳池到電話傳真、從客房獨立浴室到溫度調節器等，這些設施在當時的法國都是一流的。

由於飯店剛剛成立，品牌的知名度低，同時廣告經費少，因此為了讓飯店的入住率達到較高水準，諾富特開始了最初的廣告業務。保羅讓身邊的人各展所長，組織「突擊隊行動」，守在精心挑選的一些紅綠燈附近分發廣告單，進行現場廣告推銷。這種營銷手段在當時也是一種創新。消息一傳十、十傳百，幾乎盡為人知，使得諾富特飯店的品牌逐漸在人群中傳開，知名度日益提高。

同時飯店以高薪聘請名牌飯店學校畢業的專業人士做助手管理飯店，以保證飯店的服務質量。由於員工對業務還有待於熟悉，經常有些錯誤出現，但是整個飯店的氣氛是熱烈的，服務是熱情的，每個人都全身心地投入到工作中。於是逐漸形成了諾富特飯店的服務品牌。

三、諾富特飯店品牌的提升

為了擴張，1968年10月，諾富特發起了增資活動，目標是從110萬法郎增加到400萬法郎。結果在短短幾週內，加盟的資金就超過了600萬法郎。在向銀行申請貸款時，諾富特的一份貸款申請鬼使神差地被遞到了銀行總裁的辦公桌上，並最終被批准。諾富特的名字從此打響，開始受到人們的信任。此後，諾富特品牌受到了廣泛的關注，知名度和名譽度得到進一步提高。

1969年12月，馬賽諾富特飯店落成，標誌著諾富特進入了一個新的階段。

由於成功增加了資本，1970年諾富特以現金購買了更多的地段（三四十萬法郎）。同年，斯加諾富特飯店開業，並在朗斯和南錫簽署了第一批特許經營合約，諾富特連鎖飯店變成了現實。諾富特品牌得到了初步的擴張，品牌知名度得到提升。

業主計劃將飯店辦到法國各地，於是在集團總部的選址上頗費周折，最後確定在楓丹白露附近的新城市埃夫裡，該地距奧爾利機場僅二十分鐘路程。1971年，六家諾富特飯店問世，隨著品牌知名度的提升，特許經營的用戶不斷增多，飯店客房入住率也在不斷上升。此時，業主們意識到未來諾富特牌子下包含了兩個不同的實體，其一是第一家諾富特飯店和商業房地產開發公司，掌握著小保羅·杜布呂占大股的諾富特的招牌；其二是諾富特飯店業經營與投資公司，管理著其餘的飯店。這兩個實體之間的關係需要釐清。經過理智的分析，業主們達成一致，重新聯手，成為諾富特公司共同的總裁，收入、股份和地位絕對平等。即使在最細微的地方，也形成了一些準則：同樣大小的辦公室、印刷文件中名字同樣排版；在任何情況下，兩人名字的排列順序按字母排列：先提保羅·杜布呂，再提杰拉德·貝里松。所有這些都為未來諾富特的擴張做好了內部奠基。

四、諾富特飯店品牌的擴張

透過考察，保羅·杜布呂和杰拉德·貝里松決定在巴烏萊的無人地帶建造規模為600套客房的巴烏萊諾富特飯店。由於建設投資大，他們採取了不同的融資方式。其中融資創新就是採用分期付款購買的方式，用20年的時間買回整座建築。飯店從設計到建造到裝飾，都充分考慮了顧客的需求，同時對外宣傳其為顧客提供高質量生活的服務宗旨，形成了諾富特乃至後來雅高集團飯店的主要特色，即盡最大可能滿足客人的需要。

1973年5月，擁有600套客房的巴烏萊諾富特飯店準時開業。同時促銷活動隨著許多小冊子的印刷開始了。為了控制這方面的花費，保羅·杜布呂和杰拉德·貝里松僱傭銷售代理人向附近企業負責人遊說，並邀請巴黎郊區的中小企業前來參觀。為吸引從郊區環線經過的司機們的注意，他們豎立了一塊巨大的燈光廣告牌。這是巴黎第一塊這樣的廣告牌，上面有一個巨大的諾富特的標誌，並寫著

當天的時間和氣溫。透過這樣的宣傳和新穎的廣告，諾富特的客流量飆升，到7月飯店就接近100%的出租率。

　　一些出人意料的情況時而發生。比如：達爾第商店的老闆為幫助顧客找到自己在附近剛剛開張的商店，在電台廣告中提及諾富特的名字，「達爾第……距巴鳥萊諾富特僅一步之遙」。這無疑之中也是給諾富特品牌進行了廣告宣傳。此外，許多企業落腳於第二十區，帶來了大量的客源。比如：美國的甜蜜井（HONEYWELL）集團把巴黎的辦公室遷至諾富特對面。至1974年4月，諾富特集團旗下已經擁有了45家飯店。在大量諾富特飯店建造過程中，其特性之一就是速度。一家飯店的建成，從選址到開業平均耗時不到兩年，相對於其他飯店業集團來說這是創紀錄的速度。在這一時期，傳統飯店的競爭者每開一家飯店，諾富特就可以開10家。

　　1970年，斯加諾富特開張，1971年8家新飯店開業，到1972年底，諾富特飯店總數已達到了32家，其中兩家在法國以外，分別在訥夏代爾和布魯塞爾。1973年，巴鳥萊諾富特飯店開張時，已經是諾富特飯店品牌中的第32家了。1973年底，這個數字已經達到了35家。

　　諾富特利用法國經濟的快速繁榮和交通的快速發展成長起來，並抓住數量日增的眾多客戶。旅行者每到一個陌生城市，馬上就想找一家諾富特飯店，諾富特品牌的知名度和名譽度由此得到快速提高。

　　五、諾富特集團的品牌細分

　　在諾富特飯店的擴張中，保羅‧杜布呂和杰拉德‧貝里松將注意力放在了二星級飯店市場，決定創建宜必思飯店：飯店房價比平均水準低30%，造價也將降低30%。宜必思的目標不同於諾富特，其服務對象是散客或差旅費不多的商業旅行者。同時「宜必思」這個名稱也別具特色，這是非洲和美洲一種涉禽類鳥的名字，意為「百鸛」，一個富有詩意的象徵。最重要的是這個名字裡面有兩個「i」，上面的兩個點兒可以做成兩朵小花，同時還象徵著兩個星。尤其是這個名字很短，在做招牌的時候可以少花錢。第一家宜必思飯店於1974年在波爾多開業；1975年三家宜必思連鎖飯店投入運營；1976　年發展到15　家。在發展過

程中，他們認為，同一集團牌號下，應具有各個檔次的飯店。宜必思是針對大眾的經濟連鎖店，其促銷方式也是別具一格。該連鎖飯店的老闆將連鎖店的字母標誌寫在熱氣球上，每開一家宜必思飯店，就有熱氣球或輕型飛機在空中的表演。現在宜必思連鎖在法國和諾富特一樣多，而且是歐洲第一家經濟型飯店連鎖店。

1975年8月，保羅‧杜布呂和杰拉德‧貝里松購買了美居飯店。第一家美居飯店是1973年5月在諾富特對面開業的，隨後兩年中建造了14家美居飯店。其擴張速度很快，甚至將飯店蓋到了諾富特附近。由於市場需求不足，一個地區的客源無法同時滿足諾富特和美居，其主管層決定將股份轉讓給諾富特集團。經過諾富特的改造，這些飯店逐漸占有了自己的市場。至今，集團在法國擁有700多家三星級飯店，在諾富特同一牌號下的飯店越來越多。

在五年的時間內，諾富特集團成了法國最大的飯店之一，開辦了百餘家的諾富特和宜必思飯店，形成了一家富有競爭力的飯店業連鎖店。此後，諾富特集團逐漸將飯店擴展到法國以外。僅僅10年時間，諾富特集團就在歐洲、非洲和中東建立起了分支機構。

1976年至1978年諾富特在所有的市場和品牌上進行了細分，計有諾富特、美居連鎖店、宜必思、短稻草等多個品牌。1976年，集團在19個國家管理著146家飯店，而在1978年，已經發展到了22個國家的195家飯店。品牌的多樣化使得諾富特集團可以根據情況的不同，重點推出某一個品牌，從而占領每一個市場。

六、諾富特集團的品牌擴張

1980年諾富特集團以高達88%的股份控制了索菲特——旅館業旅遊聯盟聯合公司，諾富特集團增加了47家運轉中的飯店（7,000多間客房），其中有20餘家在國外，4家在建設中。於是，諾富特集團共有311家飯店（其中28家在建設中），分別有三個檔次的飯店：二星級的宜必思、三星級的諾富特和美居飯店，以及四星級的索菲特。

1982年，諾富特集團收購雅克‧博萊爾國際公司（JBI）。這家歐洲餐飲業巨頭，管理著企業、醫院和學校的餐飲服務以及專供高速公路或商業中心的特許餐飲公司。此外還在世界範圍內開創了憑票餐館，每年在全球八個國家發行價值

1.65億法郎的餐飲訂單。

此時的諾富特集團不再是單一的飯店集團，旗下擁有和旅遊相關的各個行業，如餐飲業、飯店業、旅行社、購物中心等。透過資本的運營，諾富特的品牌得到了進一步的擴張，品牌價值得到了極大的提升。

第四節 雅高集團品牌戰略的特點

雅高集團經過一系列的品牌運營戰略，使得雅高及旗下飯店品牌的知名度不斷提高。在「全球飯店集團300強」2004年的最新排名中，雅高名列第四。從1967年第一家諾富特飯店創建開業，到今天僅僅38年的時間，雅高集團從一家個體的飯店變成了飯店集團中的先鋒、全球飯店集團中的巨無霸企業。同時，在2003年度全球飯店品牌排行榜的前20名中，雅高集團的四個品牌榜上有名，是上榜品牌最多的國際飯店集團（見表8-6）。由此可知其品牌戰略的實施獲得了巨大的成功。

表8-6 2003年度全球飯店品牌排行榜（前20名）

排名		品牌名稱	集團名稱	飯店數		房間數		增 減	
2003	2004			2003	2004	2003	2004	房間數	%
2	1	最佳西方(Best Western)	最佳西方	4 064	4 110	308 911	310 245	1 334	0.40
1	2	假日酒店(Holiday Inn)	洲際飯店集團	1 567	1 529	293 346	287 769	− 5 577	− 1.90
3	3	舒適套房酒店(Comfort Inns & Suites)	精品國際飯店集團	2 268	2 366	169 750	177 444	7 694	4.50
4	4	萬豪(Marriot Hotels Resorts)	萬豪國際公司	450	472	165 200	173 974	8 774	5.30
5	5	美國戴斯酒店(Days Inn of America, Inc.)	聖達特	1 902	1 892	158 824	157 995	− 829	− 0.50
6	6	喜來登飯店(Sheraton Hotels & Resorts)	喜達屋國際飯店	396	394	133 519	134 648	1 129	0.80

續表

排名		品牌名稱	集團名稱	飯店數		房間數		增　減	
2003	2004			2003	2004	2003	2004	房間數	%
8	7	漢普頓飯店 (Hampton Inn)	希爾頓集團	1 222	1 255	124 653	127 543	2 890	2.30
7	8	速8汽車旅館 (Supers Motels)	勝騰	2 083	2 086	126 862	126 421	− 441	− 0.30
10	9	智選假日酒店(Express byHoliday Inn)	洲際飯店集團	1 352	1 455	109 205	120 296	11 091	10.20
9	10	華美達(Ramada Franchise Systems)	勝騰	971	905	116 098	104 636	− 11 462	− 9.90
11	11	拉迪森國際飯店(Radisson Hotels Worldwide)	卡爾森國際飯店	435	441	102 646	103 709	1 063	1.00
12	12	6號汽車旅館(Motel 6)	雅高集團	863	880	90 890	92 468	1 578	1.70
15	13	品質套房、酒店與公寓 (Quality Inns, Hotels, Suites)	精品國際飯店集團	820	878	86 662	92 011	5 349	6.20
14	14	凱悅飯店(Hyatt Hotels)	凱悅飯店及度假村	206	208	87 000	89 602	2 602	3.00
13	15	希爾頓飯店 (Hilton Hotels)	希爾頓集團	231	230	87 618	89 012	1 394	1.60
17	16	萬怡飯店(Courtyard)	萬豪國際	587	616	84 356	88 214	3 858	4.60
16	17	美居飯店(Mercure)	雅高集團	733	726	86 525	86 239	− 286	− 0.30
18	18	希爾頓國際(Hilton)	希爾頓國際	253	269	73 671	73 058	− 613	− 0.80
19	19	宜必思(ibis)	雅高集團	622	651	65 791	69 950	4 159	6.30
20	20	諾富特(Novotel)	雅高集團	369	388	62 694	67 268	4 574	7.30

*資料來源：KMG Consulting 資料庫2004年06月（評估數據收集截止日期：2004年1月1日）

一、獨立的品牌戰略

　　1980年代以來，出現了大量飯店併購活動，在其影響下獨立品牌戰略在西方飯店業大量存在。雅高國際飯店集團在兼併過程中品牌數量迅速增加，而有些被兼併的飯店品牌已經具有較高的知名度和名譽度，保留原有品牌可以維持原目標顧客的忠誠度，因此雅高將其獨立品牌保留下來。例如，紅屋頂客棧和6號汽車旅館等就是雅高實施併購活動後留下來的獨立品牌。這些獨立品牌完善了雅高

在經濟型飯店的產品和品牌系列，並擴大了飯店規模。

雅高國際飯店集團在全球共有近4,000家飯店和10多個品牌，如諾富特、索菲特、美居、套房飯店、宜必思、伊塔普、一級方程式、紅屋頂客棧、6號汽車旅館、6號公寓等。這些品牌又可分為高檔、中檔和經濟型飯店三個不同檔次的飯店。這些獨立品牌戰略可幫助雅高區分不同的客源市場，同時體現不同飯店產品等級和功能等要素的差異。

但是其中有個突出的問題，就是其飯店品牌發音拗口彆扭。大多數飯店集團為了使其品牌既琅琅上口又易於記憶，多使用英文名字來為其品牌命名，借此提高市場知名度，強化市場形象，從而提高市場占有率。而雅高則是執意將其品牌用法文名字表述，「Formule　1」品牌就是其中的典型。市場分析人士認為，該品牌國際知名度低、國際擴張不理想的原因就是因為其發音。索菲特品牌亦是如此，非法語國家消費者多少有一定的發音障礙。因此，雖然其規模能與「洲際」品牌相媲美，但兩者的國際知名度相差甚遠。

二、優勢品牌為經濟型品牌

在發達國家，飯店業市場相對成熟，中國已經培育起了龐大的中產階級，他們大部分都是經濟型飯店的消費者，所以這些國家需要大量的經濟型飯店。雅高起步於諾富特飯店，但是發展最為迅速的成功品牌是經濟型飯店品牌。見圖8-4。

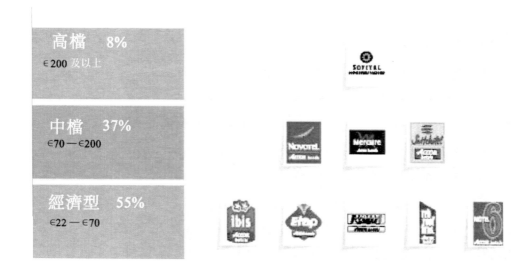

圖8-4 2004年雅高集團旗下飯店各個檔次品牌的分布圖

*資料來源：《2004年雅高集團年度公報》

　　目前雅高集團旗下的經濟型飯店品牌主要有宜必思、伊塔普、一級方程式、紅屋頂客棧、6號汽車旅館和6號公寓。這些經濟型飯店品牌的飯店客房數占雅高集團總數的55%。其中紅屋頂客棧、6號汽車旅館和6號公寓主要分布在美國，在美國的經濟型飯店市場上處於領先地位。而宜必思、伊塔普和一級方程式主要分布於歐洲經濟型飯店市場上，這些品牌在歐洲不論是知名度、名譽度還是市場占有率都有較高的市場份額。見表8-7。

表8-7 雅高經濟型飯店品牌的飯店數、客房數及相關比例

品　　牌	飯店數(家)	所佔比例(%)	客房數(間)	所佔比例(%)	國家(個)
宜必思	651	16.72	69 950	15.28	36
伊塔普	287	7.37	22 776	5.02	11
一級方程式	371	9.53	27 951	6.16	12
紅屋頂酒店	349	8.96	38 209	8.43	1
6號汽車旅館和6號公寓	880	22.6	92 468	20.39	2
合　　計	2 538	65.18	251 354	55.28	62

*資料來源：《2004年雅高集團年度公報》

三、發展細分市場，實行多品牌戰略

雅高旗下的飯店品牌眾多，這些品牌的飯店雖然有些在地理位置上相距很近，但是透過不同的品牌和市場定位，將市場進行細分，很好地滿足了不同消費者的需求。例如：索菲特品牌是其中規模最小的豪華品牌，一般為四星級以上，目標市場為商務旅客，地理位置主要在城市、機場和旅遊地，規模較小，一般為200間客房以下，提供全方位的服務；宜必思是享譽世界的二星級連鎖飯店品牌之一，市場定位是服務中國商務及休閒旅客，提倡「物有所值」。與其他飯店管理集團不同，雅高飯店集團發展宜必思品牌飯店一般採取全資管理的形式。準確定位，發展細分市場，這也是雅高集團品牌戰略成功的原因之一。不同品牌的飯店針對不同的細分市場採取不同的營銷手段和廣告，引起不同顧客群的關注。

四、品牌擴張方式以特許經營為主

雅高集團的創始人保羅‧杜布呂和杰拉德‧貝里松正是受到假日連鎖飯店的啟發，決定採用特許經營的方式建造自己的連鎖飯店。假日連鎖飯店的創造者在孟菲斯建立了第一家飯店之後，就是使用特許經營這種模式發展了假日品牌。

特許經營的基本原理就是飯店的所有者使用諾富特商標，在繳納登記費之後，就可以經營該品牌並在營業額中拿出特許權使用費支付給諾富特。唯一的限制是要遵守產品招標規則。商標特許權經營制度使得諾富特在不投入新的資金的前提下，迅速增加飯店建設數量，並在法國的各個地區建立自己的品牌。同樣，這對諾富特品牌的擴張也是有利的。諾富特以美國假日飯店的合約為藍本起草招標規則，奠定了商標特許使用合約的基礎。

此後，雅高旗下的飯店越來越多，形成了一個巨大的網路。其客戶靠雅高的產業經驗建造自己的飯店，雅高幫助他們組織和整理資料交給銀行和飯店業信貸署，在建設旅館或購買設備時提供技術上的專業指導。這既為雅高諮詢業務帶來了豐厚的利潤，也便於每個使用商標的飯店遵守連鎖店的具體規則。同時，對商標使用者的幫助又吸引了眾多的合作夥伴。幾年時間內，雅高透過這種方式把商標的擴展速度提高一倍。從1972年開始，諾富特和宜必思每年要簽十多份商標特許使用合約。

1990年，雅高以11億美元巨資收購了美國6號汽車旅館經濟型飯店系列，在對其加以品牌化改造後將其中部分飯店賣給不動產置業者，置業者買的是不動產，卻沒有經營經驗，雅高就對置業者實行特許經營；1999年雅高以15億美元收購紅屋頂客棧後，採取回租形式繼續管理。因此，雅高透過這種管理方式，既可拓展企業規模和市場份額，又可收回資金。

發展特許經營保證了飯店的品牌、客源和管理質量，又無須支付太多的費用，同時特許經營又可以根據具體情況靈活掌握。

五、透過頻繁的飯店併購，提升品牌價值

雅高集團自諾富特建立以後，在資金允許的條件下，進行了一系列的併購：1974年，收購短稻草餐館；1975年，收購美居飯店；1980年，收購索菲特飯店；1982年，收購歐洲餐飲業的巨頭——雅克·博萊爾國際公司（JBI）；1985年，雅高收購了勒諾特46%的股份；1990年，收購美國6號汽車旅館，成為世界上具有領導地位的飯店集團；1993年，雅高亞太公司收購潘諾尼亞（Pannonia）連鎖（24家飯店）的股權；1997年，收購SPIC的多數股份，處置了部分Compass公司的股份；1998年，收購荷蘭連鎖飯店Postiljon；1999年收購美國紅屋頂客棧；2001年，收購了英國的僱員諮詢策略公司；2002年收購澳大利亞一家一流的人力資源和諮詢公司——Davidson Trahaire……雅高集團併購的步伐一刻未停止過，透過頻繁的企業併購，雅高集團的規模擴大了，品牌知名度提升了，擴大的國際網路，提高了雅高國際在許多國家的地位。資本經營也正是品牌經營的加速器。

但是，併購活動也曾經給雅高集團帶來深重的災難。1993年，短稻草連鎖店業績驟然下滑。此時，由於各項收購活動，雅高集團的負債較高，一直被當作成功典型的雅高集團成了債臺高築和失敗的代名詞。幾乎是在同時，雅高收購美麗殿（MERIDIEN）連鎖飯店，也遭到了意外的打擊。在收購過程中，曾多年執掌美麗殿連鎖，時任法航總經理的魯道夫·弗朗茨公開同雅高集團作對。雅高同該公司20年的關係和交情也受到了影響。更糟糕的是，魯道夫·弗朗茨掀起了一場真正的反對索菲特和整個雅高集團的運動。經過大規模的媒體戰，雅高集團

處於極為不利的境地。而雅高的股票也因此一落千丈，股東們也越來越緊張。雅高集團經過美麗殿事件後黯然失色，經過幾年的努力才重新樹立起品牌形象。

總之，今天的雅高集團也是經歷過坎坷的。在以後的國際化競爭中，離開本土，在文化迥異的各個國家和地區，雅高品牌擴張之路也並不是一帆風順。目前雅高在未來也將積極實行可持續發展戰略，將自己定位成一個具有社會意識的企業。雅高承諾：在實現增長的同時保護未來。作為一個好的企業市民，雅高集團在充分履行企業的環境和社會責任前提下，追求企業的增長和業績目標。其目標就是：在增長的同時保護未來。

本章附錄 雅高集團大事記

· 1967年，保羅· 杜布呂和杰拉德· 貝里松組建了SIEH公司，第一家諾富特飯店在里爾開業。

· 1974年，第一家宜必思飯店在波爾多開業，收購短稻草餐館。

· 1975年，收購美居飯店。

· 1976年，在巴西經營飯店。

· 1980年，收購索菲特飯店，包括43家飯店和2家海濱溫泉中心。

· 1981年，SIEH股份在巴黎證券交易所上市交易。

· 1982年，收購雅克· 博萊爾國際公司（JBI）。

· 1983年，將諾富特飯店經營和投資公司與雅克· 博萊爾國際公司（JBI）合併組建了雅高集團。

· 1985年，第一家「一級方程式」（Formule 1）飯店開張營業，這是種新概念的飯店，尤其是以其獨特的建築和管理技術而著稱。

· 同年，創建雅高學院，這是法國第一家為服務培訓而由公司創辦的大學。

· 同年，雅高收購了勒諾特46%的股份。

· 1988年，開了100家新旅館和250家餐館，平均每天一家。

· 1989年，一級方程式把業務擴展到法國以外，在比利時開了兩家飯店。與Lucien Barrie集團聯盟，發展集旅館和娛樂場為一體的綜合業務。

· 1990年，收購美國6 號汽車旅館，它在整個美國擁有550 家旅館。就擁有和管理的飯店（不包括連鎖店）而言，雅高擁有全球品牌，成為世界上有領導地位的飯店集團。

· 1991 年，成功收購了通濟隆國際公司，該公司下屬有大量的飯店（如：普爾曼、伊塔普飯店、PLM、愛特阿和愛卡德）、汽車租賃公司（歐洲汽車）、列車服務（Wa8on-Lits）、旅行社（Wagonlit 旅行社）和管理飲食服務（Eurest）及高速公路餐廳（Relais Autoroute）。

· 1993年，雅高亞太公司由雅高亞太商業公司和太平洋品質公司合併形成。購得潘諾尼亞Pannonia連鎖（24家飯店）股權，作為匈牙利私有化項目的一部分。創建了渡假飯店的克萊利亞Coralia品牌。

· 1994年，在卡爾遜和鐵路旅行社Carlson and Wagonlit Travel之間建立商務旅行服務的合作。

· 1995年，Eurest賣給了Compass，使雅高成為世界飲食服務龍頭公司的最大股東。

· 1996年，雅高成為亞太地區市場的龍頭，在16個國家中擁有144家飯店，56個項目正在建設中；環球國際對宜必思和伊塔普飯店和一級方程式連鎖飯店進行統一管理；和美國運通公司合作發行「免費卡」（Compliment Card）。

· 1997年，雅高的公司管理架構發生了變化，馬克·艾斯巴裡歐出任公司總裁。

· 同年，「雅高2000」項目發起，承諾保持經濟增長，展開技術革命。

· 同年，卡爾遜和鐵路旅行社合併成卡爾遜-鐵路旅行社。

- 同年，收購SPIC的多數股份，重新命名為雅高Casinos。

- 1998年，投標雅高亞太公司，成功中標，使之成為雅高完全擁有的子公司；收購荷蘭連鎖飯店Postiljon和法國航空、美國運通及Credit Lyonnais聯合發起「公司卡」；發展新的夥伴關係，與法國航空公司、法國國家鐵路公司、美國運通、Credit Lyonnais、Danone、法國電信公司、Cegetel和其他公司進行合作。

- 1999年，飯店網路以22%的速度增長，擁有639 家新飯店，其中有收購美國紅屋頂客棧的部分原因；收購CGIS，Vivend的飯店業務，包括8家Demeure和41家Libetel公司。

- 2000年，作為法國國家奧林匹克委員會的合作夥伴，雅高贊助參與了悉尼奧林匹克運動會；創建Accorhotels.com網站；雅高用餐卡進入中國；收購Go Voyages的38.5%的股權；出讓Courtepaille的股權；重新設計雅高品牌標誌，突出雅高的名字，提高國際認知，有助於公眾認識。

- 2001年，透過一致的視覺標誌和廣告建築為基礎的廣告活動，迅速發展了全球的品牌意識和認知；與國際定點飯店和北京旅遊集團合作，廣泛參與中國的飯店市場；收購了英國的僱員諮詢策略公司，在僱員協助項目迅速增長的市場中，獲得服務業務的可持續發展；在歐洲創建了套房飯店。

- 2002年，雅高和德國飯店集團Rema簽約成為合作夥伴，在德國有100多家美居飯店；雅高和中國錦江飯店集團建立中國業務的飯店銷售和分銷網路；開辦芝加哥索菲特水塔並在大型國際都市開辦13 家索菲特飯店；雅高服務收購澳大利亞一家一流的人力資源和諮詢公司——Davidson Trahaire。

- 2003年，雅高有170家飯店在全球開業，實現飯店業務的可持續發展；中國天津宜必思飯店開業；雅高服務在巴拿馬和祕魯開始運營。

第九章 如家快捷酒店品牌建設實例

導讀

　　如家快捷酒店是中國飯店業知名的民族品牌之一，也是中國主要的經濟型飯店品牌之一。從2001年第一家建國客棧（如家連鎖酒店的前身）在北京開張營業開始，僅僅經過短短的不足五年的時間，如家酒店連鎖已躋身於中國民族品牌先鋒之列，而且是唯一的一家經濟型連鎖飯店，其中自有其成功的經驗。本章首先介紹如家酒店連鎖公司的概況，然後剖析如家快捷酒店品牌的創建、維護和擴張，並且分析了如家酒店品牌培育和成長過程中的特點，為其他經濟型飯店品牌的創立提供一些參考和借鑑。

第一節 如家酒店連鎖公司的概況

　　如家酒店連鎖，是中國經濟型飯店的領頭羊，是中國知名的飯店民族品牌之一。2003年2月，如家酒店連鎖公司被中國飯店業協會評為「2002中國飯店業集團20強」之一。2004年，中國飯店業集團的綜合數據顯示，如家酒店連鎖已躋身於民族品牌先鋒之列，而且是唯一的一家經濟型連鎖飯店。2004年底，如家酒店連鎖又榮獲「中國飯店業十大影響力品牌」以及「中國經濟型飯店市場消費者最滿意最喜愛品牌」。截至2004 年12 月，如家品牌已涵蓋北京、上海、天津、蘇州、杭州、寧波、無錫、常州、福州、廈門等中國主要城市，擁有50多家連鎖店，並計劃2006年中擴展到100家。如家酒店連鎖，目前平均房價在200元左右，日均出租率達90%以上。

　　如家酒店連鎖公司組建於2002年6月，由中國資產最大的飯店集團——首都

旅遊集團、中國最大的旅行服務公司——攜程旅行網共同投資組建，致力於發展中國經濟型飯店的知名品牌。因此，如家酒店的品牌基礎就是借鑑了首旅多年的飯店經營管理經驗和攜程旗下中國最大的旅遊電子商務網站——攜程旅遊網和800預訂系統。如家酒店連鎖始終堅持「乾淨、溫馨」的經營宗旨，目標是成為最受公眾歡迎的飯店品牌。目前，「如家」已在中國全國擁有自己的客源網路和數十家連鎖加盟店，形成了較大的連鎖規模，是中國發展最快的經濟型飯店連鎖系統。

如家酒店連鎖的經營口號：潔淨似月，溫馨如家。

如家酒店連鎖的經營理念：誠信、結果導向、多贏、創新。

如家酒店連鎖的經營願景：中國最著名的住宿業品牌。

如家酒店連鎖的使命：用我們的專業知識和精心規劃，使我們服務和產品的效益最高，從而為我們的客戶提供「乾淨、溫馨」的經濟型飯店產品；要讓我們的員工得到尊重，工作愉快，以能在「如家」工作而自豪；同時使得投資者能夠獲得穩定而有競爭力的回報；由此創造我們的「如家」品牌。

如家酒店連鎖的優勢：企業在品牌戰略方面，透過執行統一的品牌形象、經營模式、質量控制和服務標準，在中國全國範圍內規劃發展如家直營店、特許經營店、管理店和市場聯盟店；在銷售網路方面，利用現代化技術，建立公司網站和中國全國免費預訂電話；在新產品研發和人力資源管理方面，建立以客戶為中心的新產品研發體系，基於品牌戰略的市場營銷體系；在飯店管理、品牌經營、資本運作、電腦技術等方面建立一支優秀的管理團隊，同時定期系統地進行各類培訓，提高整個團隊的專業水準。

如家連鎖店的特色是三大「統一」性，即統一建築設施，連鎖店均由國外設計師提供室內、外的設計方案；統一的服務，各連鎖店均提供三星級賓館的服務，包括洗燙衣、電腦上網、傳真、複印等；統一硬體設施，各連鎖店均提供24小時熱水淋浴、空調、電視、電話，有標準的席夢思床具及配套家具。各連鎖店的免費寬頻上網服務的設置深受客戶歡迎。

如家酒店連鎖致力於打造中國經濟型飯店的著名品牌。目前，如家酒店連鎖經營並管理著50多家經濟型飯店，如家品牌已涵蓋北京、上海、廣州等地，為中國外中小型商務客人和旅遊者提供了乾淨、方便、溫馨、安全而且價格適中的經濟型飯店。

第二節 如家快捷酒店品牌的創建

對於經濟型連鎖飯店業而言，規模是產生效益的關鍵，而能否實現規模，對飯店的品牌建設至關重要。創建品牌第一步就是設計一個琅琅上口、方便記憶的名字。如家名字的來歷還頗費了一番周折。原先起的幾個名字都已經被別人註冊了。一位員工想到了「如家」，大家覺得這個名字雖然親切好記，但肯定也已被別人註冊過。去工商管理部門一查，結果恰恰相反，於是大家一致決定採用「如家」。如家這個名字與酒店定位保持了高度一致性，取home away from home之意，希望客人能夠有「賓至如歸，溫馨如家」的感覺。如家作為客人的「家外之家」，具備了一種感情上的親和力、一種家的感覺。「如家」酒店在取名上就給客人家的感覺，很容易打動人。同時，「如家」諧音「儒家」，一聽便是中國品牌。

如家酒家在所提供的服務方面也極力給顧客以「家」的感覺。走進如家，沒有門僮為客人提供服務，這正是如家人的苦心所在，因為既然是家就該像家。服務員的裝束也不同於星級飯店的員工那樣，穿著正式的制服或是西裝筆挺地為客服務。客房一改飯店慣例採用的白色床單，運用了粉色系列，或是紅色、或是綠色，就像家裡一樣。

如家在Logo設計上，採用了輪廓圓潤的五邊形設計。外觀就像一所房子，既簡潔明了，又兼具包容性，中掛一輪彎月，散發出濃淡相宜的親情。如家快捷酒店根據旅遊者的需求對產品進行定位，強調客棧的乾淨、簡潔、經濟、溫馨，崇尚潔淨似月、溫馨如家的理念，借助Logo把「月亮下面我的家」的理念清晰地傳播給消費者。

如家快捷酒店的圖案標誌

*資料來源：http://www.homeinns.com

　　2002年6月，第一批四家如家快捷酒店率先在北京開張。它們分布在燕莎、國貿、復興門、前門這四個繁華區域，其前身是首旅集團麾下的經濟型連鎖飯店「建國客棧」。建國客棧有限公司是北京首都旅遊集團所轄首旅飯店集團的下屬公司。建國客棧是一家以品牌連鎖經營為目標，以住宿接待為主要經營項目的服務性企業。建國客棧就是透過提供安全、潔淨、經濟、方便、親切的住宿環境來滿足外出公務和旅遊者的需要。客棧由國外設計師提供室內、外設計，一些建築材料和裝飾用品直接從國外購進。客棧提出的消費理念是：速度生活，自然自在。房間舒適、溫馨，使用功能到位又不失豪華。客棧設有咖啡廳，為客人提供方便快捷的早餐和16小時茶點供應。客棧的商務中心為客人提供電腦、上網、打字、傳真、複印等服務。建國客棧的特點是集星級飯店規範服務、下榻安全、衛生潔淨和價格低廉的優勢於一身。如家連鎖酒店就是在「建國客棧」的基礎上發展起來的。方便的800-820-3333中國全國統一免費訂房電話，普遍在180元人

民幣左右的房價，安全、便捷、服務資源豐富的周邊社區，再加上潔淨、溫馨的客房和舒適寬大的床，如家品牌一經推出，立即得到了市場的熱烈響應。

　　在裝飾上，如家快捷酒店採用明黃色，其清新明快的店面設計風格和酒店內詳盡的企業相關資料介紹，都給了消費者以強烈的品牌形象視覺衝擊，加深了消費者對如家品牌的認同。如家選址主要原則在於：選擇大、中城市的「一類地區，二類地段」。這樣既保證了客源，又擴大了品牌影響。在營銷過程中，如家酒店無時無刻都體現出了家的感覺。

如家快捷酒店——北京北新橋店

*資料來源：http://www.homeinns.com

如家快捷酒店——無錫五愛路店

*資料來源：http://www.homeinns.com

如家快捷酒店——杭州莫干山路店

*資料來源：http://www.homeinns.com

如家連鎖酒店的廣告宣傳圖

*資料來源：http://www.homeinns.com

如家快捷酒店的主要特徵是：乾淨、方便、溫馨。不用豪華裝修，不造奢侈場所，價格實惠，基本設施齊全，衛生舒適是最主要的特徵，以房務為中心，客

房條件可與三星級飯店媲美。沒有豪華的大廳及配套娛樂設施，但在房間、淋浴、床具的衛生和舒適上狠下功夫，滿足了頻繁穿梭於各個城市之間的商旅人士對入住酒店的核心需求。同時，200元以下的價格與相應的硬體設施，成為經濟型飯店性價比的完美結合。如家酒店連鎖雖然定位在經濟型，但服務質量不打折扣，盡一切努力向賓客提供完美的個性化服務。如家酒店借鑑歐美成熟的經濟型飯店管理模式，倡導「速度生活，自然自在」的生活理念，連鎖品牌執行統一的服務規範，設施到位，透過規模經營來降低成本。目前，如家酒店連鎖正採取直營、特許加盟的方式迅速擴大規模。便利的交通，完美的設施，星級的服務，將會讓每一位入住的賓客都感覺到：住在「如家」，親切如家。

第三節 如家快捷酒店品牌的維護

自第一家如家酒店建立以後，上海，蘇州、杭州等地的如家以驚人的速度迅猛擴張，以直營店、特許經營、管理合約，市場聯盟四種方式同步擴點。但是如家並不是一味地強調「量」，2004年如家的工作重點就是在抓「質」，總結過去的經驗，採取一系列措施來維護如家快捷酒店品牌。正如如家董事、前任總裁季琦所講：「連鎖經營的一個關鍵問題就是質量的掌控。怎樣在規模擴大的同時能夠保證質量的穩定，是品牌建立起來的關鍵。」

一、建立如家酒店管理學院，確保品牌一致性

為了讓客人在如家中國全國的各連鎖店都能夠享受到優質和一致的服務，如家酒店連鎖尤其注意人才體系的培養。在中國眾多飯店中，如家酒店連鎖於2004年3月24日率先在上海成立了如家酒店管理學院，給全體如家人提供了一個良好的學習平台。如家酒店管理學院作為如家酒店連鎖的一個重要組成部分，不以盈利為目的，而是教育每一位員工，忠誠於如家這一企業品牌；讓每一位員工都喜歡如家的工作、學習氛圍。

二、推出常客優惠計劃，樹立品牌忠誠度

如家酒店連鎖於2003年4月隆重推出常客優惠計劃——家賓卡俱樂部，旨在

使顧客每一次下榻各如家快捷酒店時，更感溫馨、更加方便、更覺愜意。作為持有「家賓卡」的會員，將可以享受一系列特別的優惠和貴賓級的待遇。同時，如家會記下顧客的需求和喜好。客人可以享受量身訂造的家賓服務，同時感受到家的溫暖。家賓卡分為二個層級：普通卡以及黃金卡。當客人成為家賓俱樂部會員後，透過IC會員卡，可全面地享受到價格優惠、消費積分兌獎、預訂優先、快速入住等眾多會員特權。顧客下榻飯店的次數愈多，享有的特別優惠愈多，享受的特權愈大。

三、淡化加盟，提倡直營，保證品牌的質量

目前中國的經濟型飯店品牌有不少都是採用特許加盟的方式，有的經濟型飯店為了加快品牌擴張的速度，不斷降低加盟的門檻，吸引更多飯店的進入。但是，這些連鎖飯店品牌在不斷擴大規模的同時也將會暴露出一些問題，就是品牌的輸出者也很難監控加盟店的經營和管理。在充分認識到這點後，如家要控制加盟店的發展，力主直營店。重點做直營店，把樣板做好，少量發展特許經營店，並且全部結束與市場聯盟店的合約，只有這樣，才能使如家的各家酒店歸於一種標準，避免了同一品牌卻千差萬別的現象。

2002年6月，如家成立之初，決定以加盟為拓展手段，然而不到一年，如家便從加盟轉向了直營。如家主管階層認為，加盟在中國尚不成熟，尤其加盟店數量過多，將不利於質量控制和品牌管理。

四、實施品牌營銷策略，強化品牌的知名度

如家酒店連鎖公司自成立以來，一直是媒體所關注的焦點。這一方面與媒體的炒作有關，同時也與公司的品牌營銷有關。在如家酒店連鎖的網站上（www.homeinns.com）關於如家的媒體報導有近100條之多，如家的高層管理者經常出現在各種媒體上，獲得各種榮譽稱號。他們積極參與多種社會公益活動，有意無意之中為如家快捷酒店進行了宣傳。在各種公開場合，如家總是以自己獨特的、引人注目的方式進行宣傳和促銷。

例如，在2004年中國國際旅遊交易會上，如家酒店連鎖應邀參展。作為中國知名的經濟型飯店，如家酒店連鎖第一次參加，即獲得了廣大業內人士和公眾

的關注和垂詢，並先後接受了上海教育電視臺、東方衛視、北京電視臺、外灘畫報等多家媒體不同形式的採訪。旅交會歷時4天，行業內絕大多數知名企業均參加，據官方統計，參觀人數達到4.5萬人次，達成意向協議近萬份。展會期間，身著如家T恤手持如家Logo牌的如家模特，巡迴於各場館，向來自中國全國各地的賓客介紹如家，發放資料，並實施如家問卷調查，所到之處十分引人注目。

經過兩年多的快速發展，如家酒店連鎖已形成了一套比較完善的經營模式和管理模式，逐步發揮出連鎖飯店品牌優勢。在品牌管理方面，如家寧可控制連鎖酒店的數量也不降低如家的品質。不管是直營店，還是特許、合資店，都實行控制服務管理，統一培訓員工，而且還要求合作夥伴具有一致的經營理念。

第四節 如家快捷酒店品牌的擴張

目前，如家酒店連鎖採取直營、特許加盟、管理輸出、市場聯盟的形式迅速擴大規模。整個酒店業開始逐漸意識到品牌戰略的重要性，市場的巨大自然帶來激烈的競爭，如家酒店連鎖正是利用經濟型飯店在中國尚處於成長階段這一難得機遇，採用市場滲透戰略，積極提高市場占有率，樹立市場地位，突出了自己的品牌。「乾淨、方便、溫馨」是如家品牌概念的綜合體現，與國際接軌的連鎖經營管理模式是如家品牌經營的基本戰略。讓飯店投資者獲得豐厚利潤，為經營者樹立品牌形象，是如家酒店連鎖一直追求的最高目標。

一、品牌擴張的目標：中國第一

在如家酒店連鎖在京舉行的兩週年慶典上，如家酒店連鎖首席執行官季琦表示，如家以直營、特許經營、合約管理、市場聯盟四種方式同步擴點，以北京、上海和廣州三地為中心，向中國全國輻射，力爭在經濟型連鎖酒店市場奪得中國龍頭位置。並且宣布，將在兩年內將店面增加至100家，加速在經濟型飯店市場的圈地，併力爭兩年內成為首家海外上市的飯店品牌。

二、品牌擴張的模型：資本＋品牌

如家可能是中國飯店業的投資主體中，第一個引入國際風險投資的。這些風

險投資包括有國際銀行背景的，所以説如家不會缺錢。因為資本的力量是很大的，企業只要有錢賺，資本肯定會來，關鍵是成本的高低問題。如家在資本運作方面引進了海外風險投資，為的是尋求市場的擴張。擁有中國全國統一免費訂房電話、普遍在180元人民幣左右房價的如家品牌目前已發展到50餘家連鎖店，平均客房出租率都在90%以上，遠遠高於其他類型的飯店，市場前景非常看好。

同時，如家傳承了IT行業的血統，快速建立起功能強大的中央預訂系統和飯店管理系統。業已形成的中國全國各地的忠實使用者也成為如家的潛在客戶，而攜程良好的融資記錄和如家新穎的商業模式被眾多投資商看好，更使其具備了較強的融資能力。因此，如家的高層主管人員正在籌劃如家進行海外上市，在不久的將來如家很可能成為中國第一家在海外上市的飯店連鎖品牌，透過融資實現如家的市場擴張。資本經營的過程同時也是品牌經營的加速器。

三、品牌擴張的形式：直營店

如家連鎖目前擁有36家直營店和10家特許店，已走過了企業的創業階段。2005年初，原百安居中國區營運副總裁兼華東區總經理孫堅開始上任如家酒店連鎖的CEO，並計劃未來幾年內，繼續發展直營店，除非是遇到非常好的城市、地理位置和加盟人，否則不會發展特許經營，並初步計劃每年開直營店30家，爭取在一兩年內帶領如家上市。

四、擴張的策略：中國全國性布局

如家酒店連鎖的原CEO季琦表示：「一個中國全國性飯店品牌，它首先必須是中國全國性的市場布局。」目前中國全國性的經濟型飯店品牌還非常少，如家酒店連鎖作為中國最著名的住宿業品牌，必須在市場還沒有成熟之前迅速占位，形成中國全國性的市場布局。如家酒店連鎖採取中心開花、從東往西、點面結合的布局策略，以上海、北京、廣州為中心，從東往西，從沿海向內地延伸。

從目前看來，如家酒店連鎖已經在北京和上海各有10多家店，並以它們為中心向周邊擴張，以廣州、深圳為中心的華南也開始形成布局，深圳店已於2005年春節在羅湖火車站開業，未來三個月內如家酒店連鎖將首先從廣州開出第一家店。據悉，目前已經有不少業主主動找到如家酒店連鎖尋求合作，並有部

分業主和如家酒店連鎖達成合作意向。由此，如家酒店連鎖的華南戰略大幕徐徐開啟。

在以廣州、深圳為代表的華南市場加緊擴點的同時，如家酒店連鎖也開始了以成都、重慶、西安等城市為中心的西部戰略，年中即將有兩三家店開張。同時，廈門、天津、常州等地的新店也將紛紛登場。由此，如家酒店連鎖的中國全國布局戰略將進一步完善。

總之，如家酒店連鎖作為中國經濟型飯店的先行者和倡導者，作為中國經濟型飯店業的知名品牌，正積極吸取國外經濟型飯店的成熟管理經驗，結合中國國情和文化，激勵自身發展，爭取從各方面領先於其他同行業者。如家酒店從誕生之日起，就注重構建飯店品牌體系，重視借鑑國際著名飯店集團的成功經驗，軟、硬體建設雙管齊下，特別在軟體方面「以人為本」，努力向國際標準看齊，走有如家特色的品牌之路。

本章附錄一 如家連鎖酒店一覽表

表9-1 如家快捷連鎖酒店一覽表

酒店名稱	地　　　址	聯繫電話
北京前門店	北京市糧食店街61號	010－63173366
北京燕莎店	北京市朝陽區新源南路8號	010－65971866
北京國貿店	北京市百子灣路20號	010－87771155
北京菜市口店	北京市菜市口南大街儒福里甲 40號	010－83551144
北京農展館店	北京市朝陽區農展館北路甲5號	010－65011188
北京團結湖店	北京市朝陽區團結湖路17號樓	010－85982266
北京北新橋店	北京市東城區東四北大街細管胡同7號	010－64004455
北京三里河店	北京市西城區三里河南一巷1號	010－68513131
北京西直門店	北京西直門永祥胡同3號	010－66111166
北京朝陽公園店	北京市朝陽區石佛營東里 105號院落北側	010－85833388

續表

酒店名稱	地　　　址	聯繫電話
北京北緯路店	北京市宣武區西經路11號	010 – 83152266
北京小西天店	北京市海淀區新街口外大街文慧園斜街6號	010 – 62231199
上海世紀公園店	上海市浦東新區浦建路1151號	021 – 68458090
上海江蘇路店	上海市長寧區東諸安濱路165弄25號	021 – 62101595
上海塘橋店	上海浦東新區塘橋路190號(浦東南路口)	021 – 50901808
上海徐家匯店	上海市徐匯區天鑰橋路 400號(斜土路)	021 – 54250077
上海和美酒店	上海張江高科技園區蔡倫路782號(近愛迪生路) 1	021 – 51320101
上海陝西路店	上海市昌平路421弄/陝西北路835弄50號	021 – 62536395
上海體育館店	上海市徐匯區蒲匯塘路51號(近漕溪北路)	021 – 54257900
上海閘北公園店	上海市閘北區市柳營路518號	021 – 51064600
上海長寧店	上海市長寧區武夷路11號	021 – 52373939
上海光大店	上海市徐匯區柳州路280號	021 – 64083377
上海北虹路店	上海市長寧區北虹路1129號	021 – 62906611
上海松江店	上海市松江區榮樂中路12弄248號	021 – 57703300
上海龍東大道店	上海市浦東新區龍東大道 5385號	021 – 58583666
天津十一經路店	天津市河東區七緯路 104號	022 – 58998888
無錫勝利門店	無錫市崇安區北大街1號	0510 – 2626258
無錫五愛路店	江蘇省無錫市五愛路81號(廣發銀行旁)	0510 – 2760111
蘇州三香店	江蘇省蘇州三香路1158號	0512 – 68291866
蘇州觀前店	江蘇省蘇州市人民路1400號	0512 – 65238770
蘇州石路店	江蘇省蘇州市閶胥路121號	0512 – 68285000
蘇州木瀆店	蘇州市木瀆鎮翠坊北街32-18號	0512 – 66519666
蘇州獅子林店	江蘇省蘇州市園林路壩上巷20號	0512 – 67288808
蘇州景德路店	江蘇省蘇州市景德路73號	0512 – 68019088
南通中華園店	南通市人民中路193號	0513 – 5511088
常州局前店	江蘇省常州市天寧區局前街76-1號	0519 – 6609090
常州蘭陵店	江蘇省常州市蘭陵路26號	0519 – 6907766
常州金壇店	江蘇省金壇市橫街6號	0519 – 8206999
杭州體育場路店	浙江省杭州市體育場路18號	0571 – 85195688
杭州莫干山路店	浙江省杭州市莫干山路701號	0571 – 28803333
寧波柳汀街店	寧波市柳汀街316弄18號(婦兒醫院對面)	0574 – 87165778

續表

酒店名稱	地　　　　址	聯繫電話
福州華林路店	福建省福州市華林路261號	0591－83106666
廈門湖濱南路店	福建省廈門市湖濱南路86號	0592－3113333
深圳火車站店	深圳市羅湖區濱河大道與和平路路口漁民村小區內	0755－25837366

*資料來源：http://www.homeinns.com

本章附錄二 如家大事記

2000年

・8月，首旅酒店集團成立經濟型飯店籌備組，並於當年開工籌建第一家經濟型飯店，由美籍華人擔任飯店裝飾設計師，起名為「建國客棧」。

2001年

・3月，北京第一家經濟型飯店建國客棧西便門市開業。

・5月，建國客棧大柵欄店（後為如家前門市）開業。

・8月，建國客棧新源裡店（後為如家燕莎店）開業。

・8月，攜程旅行網成立唐人酒店管理（香港）有限公司，計劃在中國發展經濟型連鎖酒店項目，並就中國賓館行業特點，擬定商業模型。

・8月起，公司以「唐人」（Tang's Inn）作為品牌名，重點發展三星以下的賓館成為唐人品牌的連鎖加盟店，並把特許經營作為商業模型的核心。

・12月，公司正式將「如家」（Home Inn）定為品牌名，並申請商標註冊（曾用名：「唐人」、「朋來」）。

・2001年，「如家」成功發展了11家加盟飯店。

2002年

・2月至5月，如家酒店連鎖與建國客棧，成立合資籌備小組，在北京對各

項工作進行全面籌備。

·3月，建國客棧百子灣店（後為如家國貿店）開業。

·5月，華東地區第一家如家快捷酒店——上海世紀公園店，改建工程開工，同時標誌著如家酒店連鎖把「直營店」作為品牌發展的重點。

·6月，攜程旅行網與首都旅遊集團正式成立合資公司，定名為「如家酒店連鎖」，「如家快捷酒店」是核心品牌。

·6月，首旅集團下屬的原「建國客棧」4 家連鎖店統一翻盤為「如家快捷酒店」，成為首批如家酒店連鎖直營飯店。

·6月，如家酒店連鎖連鎖店數量達到20家。

·9月28日，如家快捷酒店上海世紀公園店開張。

·12月，如家酒店連鎖中國全國免費預訂電話800-820-3333正式開通。

·12月，《如家通訊》創刊。

·12 月17 日，第一屆「如家酒店連鎖年會」在北京華都飯店隆重召開。

2003年

·1月11日，「如家」第一家特許經營店簽約，同時也成為中國酒店品牌第一個真正意義上的特許經營案例。

·1月，如家酒店連鎖首席執行官季琦榮獲2002年度上海「十大旅遊標兵」稱號。

·2月25日，如家酒店連鎖榮獲2002年「中國飯店業集團20強」。

·2月28日，如家快捷酒店上海江蘇路店開業。

·3月，季琦當選中國人民政治協商會議上海市第十屆委員會委員。

·3月，如家快捷酒店前門市被宣武區大柵欄街道評為四進社區先進集體。

·3月28日，如家快捷酒店蘇州三香店開業。

・4月，如家酒店連鎖推出以「家賓俱樂部」命名的客戶獎勵和積分計劃。

・4月12日，如家快捷酒店杭州體育場路店開業。

・4月至6月，由於「非典型肺炎」的影響，中國旅遊業損失慘重，在眾多酒店入住率跌至10%以下的低迷時期，如家快捷酒店創造了平均入住率50%以上，部分連鎖店出租率曾高達70%。

・7月28日，如家快捷酒店上海塘橋店開業。

・10月18日，如家快捷酒店上海徐家匯店開業。

・12月25日，如家酒店連鎖上海和美酒店開業。

2004年

・1月6日，如家快捷酒店蘇州觀前店開業。

・3月20日，如家快捷酒店常州局前店開業。

・3月24日，如家酒店連鎖率先在上海成立了「如家酒店管理學院」，給全體如家人提供了一個良好的學習平台，嚴把酒店質量關，保持品牌的一致性。

・4月17日，如家酒店連鎖北京菜市口店開業。

・5月1日，如家快捷酒店無錫勝利門市開業。

・5月20日，福建省首家開業的如家快捷酒店福州華林路店，舉行了簡單而隆重的開幕慶典和開幕酒會。

・6月1日到3日，杭州舉辦的「第二屆中國經濟型飯店發展論壇」，如家作為協辦方，積極參與論壇的組織和籌備。

・6月9日，如家快捷酒店上海陝西路店開業。

・7月22日，如家快捷酒店上海體育館店開業。

・7月22日，作為唯一的經濟型飯店，獲得2004中國飯店業民族品牌先鋒。

・7月22日到24日，在由北京旅遊局主辦，首旅集團承辦的首屆「2004北京

國際旅遊博覽會」上，如家作為經濟型飯店品牌亮相，引起廣大觀眾和各新聞媒體的關注。

·7月28日和8月5日，在北京和上海等地新開8家店之際，分別在北京和上海兩地舉行了兩週年慶典。

·7月28日，如家快捷酒店蘇州石路店開業。

·7月29日，如家酒店連鎖上海閘北公園店開業。

·8月1日，如家快捷酒店蘇州木瀆店開業。

·8月12日，如家快捷酒店上海體育館店開業。

主要參考文獻

著作部分：

1.周朝琦，侯龍文編著.品牌經營.北京：經濟管理出版社，2002

2.中國旅遊飯店業協會編著.中國飯店集團化發展藍皮書2003.北京：中國旅遊出版社，2003

3.李光鬥著.品牌競爭力.北京：中中國人民大學出版社，2004

4.戴斌著.中國國有飯店的轉型與變革研究.北京：旅遊教育出版社，2003

5.王永龍著.中國品牌運營問題報告.北京：中國發展出版社，2004

6.黃性瑞著.飯店市場營銷.大連：東北財經大學出版社，2001

7.尼爾‧沃恩著，艾麗森‧莫里森修訂.程盡能等譯.飯店營銷學.北京：中國旅遊出版社，2001

8.李力，章蓓蓓編著.旅遊與酒店業市場營銷.瀋陽：遼寧科學技術出版社，2001

9.王新玲著.品牌經營策略.北京：經濟管理出版社，2002

10.白光主編.品牌資本運營通鑑——理論‧方法‧案例.北京：中國統計出版社，1999

11.陸娟著.現代企業品牌發展戰略.南京：南京大學出版社，2002

12.孫應徵主編.智慧財產權法律原理與實證解析.北京：人民法院出版社，2004

13.鄒統釺等著.飯店戰略管理：理論前沿與中國的實踐.廣州：廣東旅遊出版

社，2002

14.谷慧敏，秦宇編.世界著名飯店集團管理精要.瀋陽：遼寧科學技術出版社，2000

15.奚晏平編.世界著名酒店集團對比研究.北京：中國旅遊出版社，2004

16.〔美〕科特勒（Kotler. P.）等著.謝彥君譯.旅遊市場營銷（第2 版）.北京：旅遊教育出版社，2002

17.〔美〕大衛·達勒桑德羅，米歇爾·歐文斯著.尚贊娣譯.品牌戰.北京：企業管理出版社，2001

18.〔美〕羅伯特· C· 劉易斯著.郭淑梅譯.酒店市場營銷和管理案例（第2版）.大連：大連理工大學出版社，2003

19.〔新加坡〕Paul Temporal著.高靖，劉銀娜譯.高級品牌管理——實務及案例分析.北京：清華大學出版社，2004

20.〔美〕 Chuck Y.Gee著.谷慧敏主譯.國際飯店管理.北京：中國旅遊出版社，2002

21.〔美〕菲利普·科特勒（kotler，P.）著.梅汝和等譯.營銷管理（新千年版·第10版）.北京：中中國人民大學出版社，Prentice Hall出版公司，2001

22.〔美〕斯蒂芬· P· 羅賓斯，大衛· A· 德森佐著.毛蘊詩主譯.管理學原理（第3版）.大連：東北財經大學出版社，2004

23.〔美〕杜恩·卡奈普著.趙中秋，羅臣譯.品牌智慧——品牌培育（操作）寶典.北京：企業管理出版社，麥格勞——希爾國際公司，2001

24.〔美〕保羅·斯圖伯特主編.尹英，方新平，宋振譯.品牌的力量.北京：中信出版社，2000

25.〔法〕維吉尼·呂克著.孫興建譯.雅高———一個銀河系的誕生.北京：中國旅遊出版社，2000

26.〔英〕萊斯利·德·徹納東尼著.蔡曉煦，段 ，徐蓉蓉譯.品牌制勝——

從品牌展望到品牌評估.北京：中信出版社，2002

論文部分：

1.鄒益民，戴維奇.中國飯店集團品牌結構的戰略選擇.旅遊管理，2002（6）

2.鄒益民.飯店品牌建設的突破口.中國旅遊報，2001-09-28

3.豆均林.基於品牌資產的品牌要素模型研究.經濟師，2004（9）

4.戴斌.產業重組與集團化衝動——2003年中國飯店產業評論.中國旅遊飯店，2004（2）

5.張慧.經濟性酒店競爭策略選擇——以如家酒店連鎖為例.商場現代化，2005（1）

報刊、年鑑、研究報告：

1.洲際飯店集團 Annual review and summary financial statement 2004

2.聖達特集團2004 Annual Review

3.萬豪國際公司2004 Annual Report

4.《中國旅遊統計年鑑（副本）》2005

5.Hotels 2004年第7期

經驗積累與工具選擇
——《飯店品牌建設》後記

經過四分之一世紀的市場、產業和企業導向的改革與發展，中國飯店業正在縮小與發達國家旅遊住宿業運作水準和產業績效之間的差距。但是我們也必須承認，差距仍然存在，這些差距在局部領域還有擴大化的傾向。如何進一步從發展理念、成長體系、投資與戰略規劃、空間布局、業態組合、職業經理人的市場化發育、科學管理等方面推動中國飯店業的發展，已經成為政府主管部門、產業界和學術界共同關注的話題。

在過去相當長一段時間的研究進程中，我一直著力於飯店集團、國有飯店重組、產業結構優化、旅遊住宿產業政策等宏觀層面的研究。我總覺得包括飯店業在內的所有商業、經濟和社會文化的演化都是遵循「思想——制度——技術」的邏輯展開的。在市場發展和產業運作的現實進程中，有關飯店服務水準、管理工具與方法等方面的創新多是由職業經理人和投資人承擔的。社會分工決定了學者和理論工作者的角色是在對實踐者的行為和結果做出解釋的同時，以其系統的價值理性和學術直覺為產業和社會供給制度變遷的推動力，更高的要求則是以思想或理念的梳理與創新引導著研究領域的發展方向。特別是對於中國這樣一個體制轉型和價值重構的國度來說，強調學術研究進程中的價值理性和宏觀敘事能力尤為重要。

對於飯店這樣一個特別強調經驗積累的產業領域來說，如果不能在價值理性建構的同時給予業界以有效的工具理性的養成，我們可能會發現制度變遷的方向正在傳統的技術模式中一點一點地受到消解，並最終按照邊際演進的邏輯走到了相反的方向。在有效的學術分工體系中，理論解釋、以制度變遷模式為核心的價值重構和管理、服務工具的養成是一個正向關聯的關係：越往前越抽象，也更具有普適性；越往後越具體，越具有操作層面的指導性。這些工作應當由分工體系

中不同環節的學術載體來承擔，它們之間只有功能的不同，並無高下之分。在中國目前的飯店和旅遊管理學術生態中，這一自然分工體系還沒有完全建立起來，至少於初期階段，我們還有必要打破分工的限制並去做一些整合的工作。

全書可以分為三個部分加以解讀。第一章可以看作是全書的導論，對飯店品牌的發展歷史、內涵、表現形式及其在飯店企業管理和產業發展體系中的作用做了一個概要性的分析。這也是全書的邏輯起點。第二部分則從偏向經理人的品牌建設的工具理性養成出發，對飯店品牌建設的體系與方法做了系統的介紹。這一部分包括六章內容，遵循飯店品牌建設的自然進程，分別從創建、推廣、維護、提升、擴張和價值評估六個階段的要點和方法進行研究。第三部分是案例，我們選擇了一個跨國飯店公司和一家中國的飯店公司進行案例分析。之所以如此安排，是因為我們希望研究人員和經理人既要看到國際飯店品牌的成熟性和競爭力，也要對尚處於發育期的中國民族飯店品牌給予足夠的關注。在研究和寫作過程中，我們在強調整個體系的邏輯自洽性的同時，儘可能地讓行文風格和語言感覺貼近管理實踐。我們知道，一件作品的形式和內容是同等重要的。在傳播的過程中，形式和風格所造成的作用是無論怎麼強調都不過分的。對於一部致力於飯店管理的工具理性建構的作品，我們希望自己的努力能夠對中國飯店品牌建設的實踐有一定的指導作用。

在本書的完成過程中，還有許多業界專家提供真誠的幫助和專業意見。在此，我謹代表我的合作者對他/她們的關心與支援表示誠摯的謝意。

戴斌

國家圖書館出版品預行編目(CIP)資料

飯店品牌建設 / 戴斌等 著. -- 第一版.
-- 臺北市 ： 崧博出版 ： 崧燁文化發行, 2019.02
　　面 ；　公分
POD版

ISBN 978-957-735-646-8(平裝)

1.旅館業管理 2.品牌

489.2　　　　108001287

書　　名：飯店品牌建設
作　　者：戴斌等 著
發行人：黃振庭
出版者：崧博出版事業有限公司
發行者：崧燁文化事業有限公司
E-mail：sonbookservice@gmail.com
粉絲頁　　　　　　　　網　址：
地　　址：台北市中正區重慶南路一段六十一號八樓 815 室
8F.-815, No.61, Sec. 1, Chongqing S. Rd., Zhongzheng
Dist., Taipei City 100, Taiwan (R.O.C.)
電　話：(02)2370-3310 傳　真：(02) 2370-3210
總經銷：紅螞蟻圖書有限公司
地　　址：台北市內湖區舊宗路二段 121 巷 19 號
電　話：02-2795-3656　　傳真：02-2795-4100　網址：
印　　刷：京峯彩色印刷有限公司（京峰數位）

　　本書版權為旅遊教育出版社所有授權崧博出版事業股份有限公司獨家發行
電子書及繁體書繁體字版。若有其他相關權利及授權需求請與本公司聯繫。

定價：450 元
發行日期：2019 年 02 月第一版
◎ 本書以POD印製發行